ZEITSCHRIFT FÜR ANGEWANDTE MATHEMATIK UND MECHANIK

INGENIEURWISSENSCHAFTLICHE FORSCHUNGSARBEITEN

BAND 57 | 1977 | HEFT 11

AUS DEM INHALT

A K A D E M I E - V E R L A G · B E R L I N

ZAMM | Bd. 57 | Nr. 11 | S. 621—680 | Berlin, November 1977

EVP 18,— M

34115

INHALT

Wir bitten, **Manuskriptsendungen** zweifach (Original und eine Kopie, sprachlich einwandfrei, Formeln mit Maschine oder in Druckschrift geschrieben) an folgende Anschrift zu richten:

Zeitschrift für Angewandte Mathematik und Mechanik z. Hd. Herrn Prof. Dr. Günter Schmidt
Zentralinstitut für Mathematik und Mechanik an der Akademie der Wissenschaften der DDR
DDR-108 Berlin, Mohrenstraße 39.

Zu den Arbeiten, die als Hauptaufsätze bestimmt sind, ist auf gesondertem Blatt eine Zusammenfassung von 5 bis 10 Zeilen in englischer und (möglichst) deutscher und russischer Sprache beizufügen. Ausführliche Hinweise für die Autoren, um deren strikte Berücksichtigung gebeten wird, finden sich im Anschluß an das Inhaltsverzeichnis des Jahrganges **56** (1976).

Die Autoren erhalten von den Hauptaufsätzen 75, von den Kleinen Mitteilungen 25 Sonderdrucke ohne Berechnung, darüber hinaus weitere Sonderdrucke gegen Berechnung.

Der Verlag behält sich für alle Beiträge das Recht der Vervielfältigung und Übersetzung vor.

Bezugsmöglichkeiten: Bestellungen sind zu richten

— **in der DDR** an den Postzeitungsvertrieb; an eine Buchhandlung oder an den Akademie-Verlag, DDR-108 Berlin, Leipziger Straße 3—4

— **im sozialistischen Ausland** an eine Buchhandlung für fremdsprachige Literatur oder an den zuständigen Postzeitungsvertrieb

— **in der BRD und Westberlin** an eine Buchhandlung oder an die Auslieferungsstelle KUNST UND WISSEN, Erich Bieber, 7 Stuttgart 1, Wilhelmstraße 4—6

— **in Österreich** an den Globus-Buchvertrieb, 1201 Wien, Höchstädtplatz 3

— **im übrigen Ausland** an den Internationalen Buch- und Zeitschriftenhandel; den Buchexport, Volkseigener Außenhandelsbetrieb der Deutschen Demokratischen Republik, DDR-701 Leipzig, Postfach 160, oder an den Akademie-Verlag, DDR-108 Berlin, Leipziger Straße 3—4.

ZEITSCHRIFT FÜR ANGEWANDTE MATHEMATIK UND MECHANIK
Herausgeber und Chefredakteur: Prof. Dr. Günter Schmidt (redaktionelle Mitarbeit: Dr. W. Heinrich und Dr. H. Weinert), Zentralinstitut für Mathematik und Mechanik der Akademie der Wissenschaften der DDR, Verlag: Akademie-Verlag, DDR-108 Berlin, Leipziger Straße 3—4; Fernruf: 2236221 oder 2236229; Telex-Nr.: 114420; Postscheckkonto: Berlin 35021. Bank: Staatsbank der DDR, Berlin, Kto.-Nr.: 6836-26-20712. Anschrift der Redaktion: Zentralinstitut für Mathematik und Mechanik der Akademie der Wissenschaften, DDR-108 Berlin, Mohrenstraße 39; Fernruf: 2000561.

Veröffentlicht unter der Lizenznummer 1282 des Presseamtes beim Vorsitzenden des Ministerrates der Deutschen Demokratischen Republik. Gesamtherstellung: VEB Druckerei „Thomas Müntzer", DDR-582 Bad Langensalza. Erscheinungsweise: Die Zeitschrift für Angewandte Mathematik und Mechanik erscheint monatlich. Die 12 Hefte eines Jahres einschließlich Tagungsheft bilden einen Band. Bezugspreis je Band 300,— M zuzüglich Versandspesen (Preis für die DDR 216,— M). Bezugspreis je Heft 25,— M (Preis für die DDR 18,— M). Bestellnummer dieses Heftes: 1009/57/11.

AN (EDV) 35 937

ZAMM 57, 621 – 628 (1977)

O. Bruhns

Zur Stabilität der Deformationen des tordierten elastoplastischen Kreiszylinders

Die vorliegende Arbeit nimmt Bezug auf zwei kürzlich in der ZAMM erschienene Arbeiten von B. Raniecki und A. Sawczuk über Thermoeffekte in der Plastizitätstheorie [1, 2]. Im zweiten Teil dieser Arbeiten betonen die Autoren die Bedeutung der Koppeleffekte in der Stabilitätstheorie thermoplastischer Deformationen. Dazu zeigen sie, daß das „Einschnür-Versagen" des tordierten dünnwandigen kreiszylindrischen Rohres als Folge von Thermoeffekten gedeutet werden kann. In der vorliegenden Arbeit wird nun gezeigt, daß dieses Beispiel einen Fehler enthalten muß. Bezogen auf dieses Beispiel erscheint daher die Bedeutung von Thermoeffekten für das Stabilitätsverhalten des betrachteten Körpers als zumindest fraglich.

The present paper refers to two papers of B. Raniecki and A. Sawczuk on thermal effects in plasticity just published in the ZAMM [1, 2]. In the second part of these papers the foregoing authors stress the significance of coupling effects in stability analysis of thermo-plastic deformations. For that purpose they show that necking of a thin circular cylinder under torsion can be explained as a consequence of thermal effects. The present paper now shows that this example must contain an error. Therefore the significance of thermal effects in the stability analysis concerning this example seems to be at least questionable.

Данная работа находится в связи с двумя, недавно опубликованными в настоящем журнале статьями авторов Б. Раницки и А. Савчук, посвящёнными термоэффекту в теории пластичности [1,2]. Во второй части этих работ авторы отмечали значение эффекта связи в теории устойчивости термопластических деформаций. Было показано, в частности, что образование шейки у круглого тонкостенного цилиндрического стержня, находящегося в состоянии кручения, можно объяснить лишь как следствие термоэффектов.
В данной работе показывается, что этот пример должен содержать в себе ошибку. Вследствие этого оказывается, по крайней мере, не ясным значение термоэффектов в теории устойчивости.

1. Einführung

In zwei kürzlich in der ZAMM erschienenen Arbeiten [1, 2] entwickeln B. Raniecki und A. Sawczuk eine gekoppelte Thermoplastizitätstheorie, deren Vorzüge sie im zweiten Teil ihrer Arbeiten an einem auf Litonski [3] zurückgehenden Beispiel herausstellen.

In diesem Beispiel wird die Torsion eines dünnwandigen kreiszylindrischen Rohres untersucht, das — hervorgerufen durch eine reduzierte Wandstärke — eine Imperfektion aufweist. Mit Hilfe einer Grenzübergangsbetrachtung, bei der die Imperfektion zu Null gemacht wird, wird dann gezeigt, daß für einen adiabatischen Prozeß mit Erreichen der Maximallast auch ein Verzweigungspunkt der Deformation erreicht ist.

Dem wird gegenübergestellt eine Lösung für einen isothermen Prozeß, die an dieser Stelle keinen Verzweigungspunkt besitzt, und daraus leiten Raniecki/Sawczuk ihre Meinung ab, gewisse aus Experimenten bekannte Erscheinungen, wie z. B. das „Einschnür-Versagen" des tordierten Rohres, ließen sich als Folge von Thermoeffekten unter Zuhilfenahme einer gekoppelten Thermoplastizitätstheorie deuten.

In der vorliegenden Arbeit soll nun der Versuch unternommen werden, dieser Meinung entgegenzutreten. Dazu wird gezeigt werden, daß auch für einen isothermen Prozeß neben den bekannten — auf nichtrotationssymmetrischen Verzweigungsmoden basierenden — Verzweigungslasten [4, 5, 8] für rotationssymmetrisches Versagensverhalten eine Verzweigungslast existiert, die in erster Näherung mit der Maximallast zusammenfällt. Von den Grundgleichungen einer allgemeinen Kontinuumstheorie der Verzweigungen elastoplastischer Körper [7][1]) ausgehend, werden die Verzweigungslasten des tordierten dünnwandigen Kreiszylinders angegeben.

2. Grundgleichungen

2.1 Allgemeines

Wir betrachten einen Körper, der ausgehend von einem spannungsfreien Ausgangszustand B_0 eine endliche Deformation in den Grundzustand B erfahren habe (Abb. 1). Existiert nun in B ein solches Geschwindigkeitsfeld $\boldsymbol{v}$, das

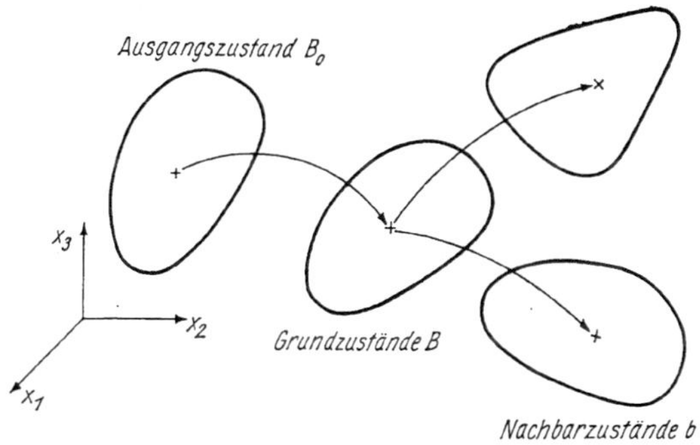

Abb. 1. Deformationszustände

[1]) Eine umfassende Literaturübersicht hierzu findet man z. B. in [6, 7].

den Körper in mehr als einen Nachbarzustand b überführen könnte, sprechen wir von einer Verzweigung des Problems. Der „Verzweigungspunkt" ist dabei gekennzeichnet durch die den jeweiligen Zustand des Körpers beschreibende mechanische Größe (Spannung, Temperatur etc.), der „Verzweigungslast".

In diesem Abschnitt werden die Bedingungen zusammengestellt, denen ein solches Geschwindigkeitsfeld genügen muß. Dabei wird davon ausgegangen, daß zu jedem Punkt der Grunddeformation auch eine Lösung des entsprechenden Randwertproblems vorliegt, daß also Spannungen, Verschiebungen und evtl. das Temperaturfeld im Grundzustand bekannt sind. Unter dieser Voraussetzung können dann zur Untersuchung der Stabilität der Grunddeformation die Deformationen in den Nachbarzustand als beliebig klein angenommen werden.

Im folgenden beziehen sich die Maßzahlen der Vektoren und Tensoren auf ein raumfestes Koordinatensystem der Referenzkonfiguration B. Voraussetzungsgemäß beschränken wir uns auf isotherm verlaufende Prozesse.

2.2 Stoffunabhängige Beziehungen

Bezeichnen wir mit

$$\boldsymbol{V} = \operatorname{grad} \boldsymbol{v} \tag{2.1}$$

den Gradienten des Geschwindigkeitsfeldes $\boldsymbol{v}$ des betrachteten Körpers, so lassen sich darauf aufbauend der Tensor der Verzerrungsgeschwindigkeiten $\boldsymbol{D}$ bzw. der Spin-Tensor $\boldsymbol{W}$ als symmetrischer bzw. antimetrischer Anteil von $\boldsymbol{V}$ definieren:

$$\begin{aligned} \boldsymbol{D} &= \tfrac{1}{2}(\boldsymbol{V} + \boldsymbol{V}^T) \\ \boldsymbol{W} &= \tfrac{1}{2}(\boldsymbol{V} - \boldsymbol{V}^T)\ . \end{aligned} \tag{2.2}$$

Für den Spannungszustand des Körpers der Konfiguration B gilt nach dem Newtonschen Grundgesetz

$$\operatorname{Div} \boldsymbol{S}_L = 0\ , \tag{2.3}$$

wenn wir Massen — oder Volumenkräfte — außer acht lassen wollen. Fordern wir nun, daß dieses Gleichgewicht auch beim Übergang in jeden Nachbarzustand beibehalten wird, so muß gelten [6, 7]

$$\overline{\operatorname{Div} \boldsymbol{S}_L}^{\,\cdot} = \operatorname{Div} \dot{\boldsymbol{S}}_L = 0\ . \tag{2.4}$$

Dabei kennzeichnet hier und im folgenden der übergesetzte Punkt die substantielle (materielle) Ableitung nach der Zeit und unter $\boldsymbol{S}_L$ wollen wir den unsymmetrischen Lagrange-Spannungstensor verstehen [7].

Führen wir ferner noch als symmetrische Spannungsmaße den Cauchy-Tensor $\boldsymbol{S}$ sowie den (modifizierten) Kirchhoff-Tensor $\boldsymbol{S}_K$ ein, der wie $\boldsymbol{S}$ in der aktuellen Konfiguration gemessen, im Gegensatz zu diesem jedoch auf die Masseneinheit bezogen ist, so gilt wegen der vorausgesetzten kleinen Deformationen in den Nachbarzustand

$$\boldsymbol{S}_K = \boldsymbol{S}_L = \boldsymbol{S}\ . \tag{2.5}$$

Für die Spannungsgeschwindigkeiten erhalten wir dagegen [7]

$$\begin{aligned} \dot{\boldsymbol{S}}_L &= \dot{\boldsymbol{S}} + \boldsymbol{S} \operatorname{Sp}(\boldsymbol{V}) - \boldsymbol{S}\boldsymbol{V}^T\ . \\ \dot{\boldsymbol{S}}_K &= \dot{\boldsymbol{S}} + \boldsymbol{S} \operatorname{Sp}(\boldsymbol{V})\ . \end{aligned} \tag{2.6}$$

2.3 Stoffgesetz

Das Stoffgesetz beschreibt nun den Zusammenhang zwischen den Verzerrungsgeschwindigkeiten einerseits sowie den Spannungen bzw. deren Inkrementen andererseits.

Für einen elastoplastisch deformierten Körper läßt es sich aus zwei Anteilen aufbauen [10],

$$\boldsymbol{D} = \boldsymbol{D}_p + \boldsymbol{D}_e\ , \tag{2.7}$$

denen jeweils die Eigenschaften elastischen bzw. plastischen Werkstoffverhaltens zugeschrieben werden können.

Für den plastischen Anteil der Verzerrungsgeschwindigkeit soll die sogenannte „Normalenregel" Gültigkeit besitzen:

$$\boldsymbol{D}_p = \begin{cases} \dot{\lambda} \dfrac{\partial \Phi}{\partial \boldsymbol{S}_K}, & \Phi = 0 \quad \text{und} \quad LC \geqq 0 \\ 0 & \text{(i)}\ \ \Phi < 0 \quad \text{oder} \\ & \text{(ii)}\ \ \Phi = 0 \quad \text{und} \quad LC < 0 \end{cases} \tag{2.8}$$

mit

$$\Phi(\boldsymbol{T}_K, k^2) = \operatorname{Sp}(\boldsymbol{T}_K^2) - k^2(w) = 0\ , \tag{2.9}$$

der Fließbedingung nach v. Mises mit einer isotropen Arbeitsverfestigung k^2 als Funktion der plastischen Arbeit w[2]), und

$$LC = \operatorname{Sp}\left(\frac{\partial \Phi}{\partial \boldsymbol{S}_K} \overset{\circ}{\boldsymbol{S}}_K\right) \geqq 0\ , \tag{2.10}$$

der Belastungsbedingung.

[2]) Die auf die Volumeneinheit bezogene plastische Arbeit w ist definiert durch $\dot{w} = \operatorname{Sp}(\boldsymbol{T}_K \boldsymbol{D}_p)$.

Dabei ist $\boldsymbol{T}$ der Deviator des jeweiligen Spannungsmaßes

$$\boldsymbol{T} = \boldsymbol{S} - \tfrac{1}{3}\,\mathrm{Sp}\,(\boldsymbol{S})\,\boldsymbol{1}\,, \tag{2.11}$$

und die übergesetzte Null kennzeichnet die objektive Zeitableitung nach JAUMANN

$$\overset{\circ}{\boldsymbol{S}} = \dot{\boldsymbol{S}} - \boldsymbol{WS} + \boldsymbol{SW}\,. \tag{2.12}$$

Beschränken wir uns nun auf isotrope Materialien, so läßt sich der elastische Anteil der Verzerrungsgeschwindigkeit durch ein hypoelastisches Materialverhalten der Art

$$\boldsymbol{D}_e = \frac{1}{2G}\overset{\circ}{\boldsymbol{T}}_K + \frac{1}{9K}\,\mathrm{Sp}\,(\dot{\boldsymbol{S}}_K)\,\boldsymbol{1} \tag{2.13}$$

beschreiben, mit G und K als Gleit- bzw. Kompressionsmodul. Zwischen G und K sowie dem Elastizitätsmodul E und der Querkontraktionszahl ν gelten dabei die bekannten Zusammenhänge

$$E = 2G(1 + \nu) = 3K(1 - 2\nu)\,. \tag{2.14}$$

Fassen wir schließlich (2.8) und (2.13) gemäß (2.7) zusammen, so läßt sich das Stoffgesetz elastoplastischen Materialverhaltens nach einiger Rechnung [6, 7] angeben zu

$$\dot{\boldsymbol{S}}_L = 2G\left[\boldsymbol{D} + \zeta\,\mathrm{Sp}\,(\boldsymbol{D})\,\boldsymbol{1} - \delta\,\frac{\mathrm{Sp}\,(\boldsymbol{TD})}{\mathrm{Sp}\,(\boldsymbol{T}^2)}\,\boldsymbol{T}\right] + \boldsymbol{WS} - \boldsymbol{SD}\,. \tag{2.15}$$

In (2.15) haben ζ und δ die Bedeutung von dimensionslosen Werkstoffkenngrößen, so beinhaltet ζ lediglich die Querkontraktionszahl,

$$\zeta = \frac{\nu}{1 - 2\nu}, \tag{2.16}$$

und δ ist ein die Verfestigung des Werkstoffes im Bereich plastischer Formänderungen kennzeichnendes Maß, das für rein elastisches Verhalten den Wert 0, für elastisch-idealplastisches Verhalten den Wert 1 annimmt:

$$\delta(w) = \begin{cases} \dfrac{1}{1 + \dfrac{1}{4G}\dfrac{\mathrm{d}k^2}{\mathrm{d}w}}, & \Phi = 0 \quad \text{und} \quad LC \geqq 0 \\[2ex] 0 & \begin{array}{ll}(\mathrm{i}) & \Phi < 0 \quad \text{oder} \\ (\mathrm{ii}) & \Phi = 0 \quad \text{und} \quad LC < 0\,. \end{array} \end{cases} \tag{2.17}$$

Der Verlauf der Funktion $\delta(w)$ richtet sich also ganz nach der Form des gewählten Verfestigungsansatzes $k^2(w)$. Lediglich für einen linear verfestigenden Körper wird δ zu einer konstanten Größe.

2.4 Feldgleichungen und Randbedingungen

Setzen wir das Stoffgesetz (2.15) in (2.4) ein,

$$\mathrm{Div}\left\{2G\left[\boldsymbol{D} + \zeta\,\mathrm{Sp}\,(\boldsymbol{D})\,\boldsymbol{1} - \delta\,\frac{\mathrm{Sp}\,(\boldsymbol{TD})}{\mathrm{Sp}\,(\boldsymbol{T}^2)}\,\boldsymbol{T}\right] + \boldsymbol{WS} - \boldsymbol{SD}\right\} = 0\,, \tag{2.18}$$

so erhalten wir daraus ein System von drei Feldgleichungen für die drei Komponenten des Geschwindigkeitsfeldes $\boldsymbol{v}$, da der Verlauf der Spannungen voraussetzungsgemäß bekannt ist.

Nur der Einfachheit halber beschränken wir uns nun auf inkompressibles Materialverhalten. Dazu ist es erforderlich, für den zweiten Term von (2.18), der dann einen unbestimmten Ausdruck annimmt, eine neue Variable q einzuführen,

$$\mathrm{Div}\left\{2G\left[\boldsymbol{D} + q\boldsymbol{1} - \delta\,\frac{\mathrm{Sp}\,(\boldsymbol{TD})}{\mathrm{Sp}\,(\boldsymbol{T}^2)}\,\boldsymbol{T}\right] + \boldsymbol{WS} - \boldsymbol{SD}\right\} = 0\,, \tag{2.19}$$

zu deren Bestimmung die Inkompressibilitätsbedingung

$$\mathrm{Sp}\,(\boldsymbol{D}) = 0 \tag{2.20}$$

herangezogen werden kann. Die zu (2.19) gehörenden Randbedingungen sind [6, 7]

$$\begin{aligned} \dot{\boldsymbol{S}}_L\boldsymbol{n}_L &= \dot{\boldsymbol{f}}^* \quad \text{auf} \quad O_f\,, \\ \boldsymbol{v} &= \boldsymbol{v}^* \quad \text{auf} \quad O_v \end{aligned} \tag{2.21}$$

für eine richtungstreue Belastung auf O_f und ein vorgegebenes Geschwindigkeitsfeld $\boldsymbol{v}^*$ auf O_v. Dabei ist $\boldsymbol{n}_L$ der Normalenvektor der Oberfläche in der Referenzkonfiguration, und $\dot{\boldsymbol{f}}^*$ ist die Änderungsgeschwindigkeit des Belastungsvektors.

3. Anwendung der Grundgleichungen auf die Torsion dünnwandiger Rohre

Als Beispiel betrachten wir ein dünnwandiges kreiszylindrisches Rohr unter reiner Torsionsbeanspruchung. Nach entsprechender (Grund-) Deformation aus dem Ausgangszustand in den betrachteten Grundzustand B hat dieses Rohr die in Abb. 2 angegebenen Abmessungen l, a, b, t und R.

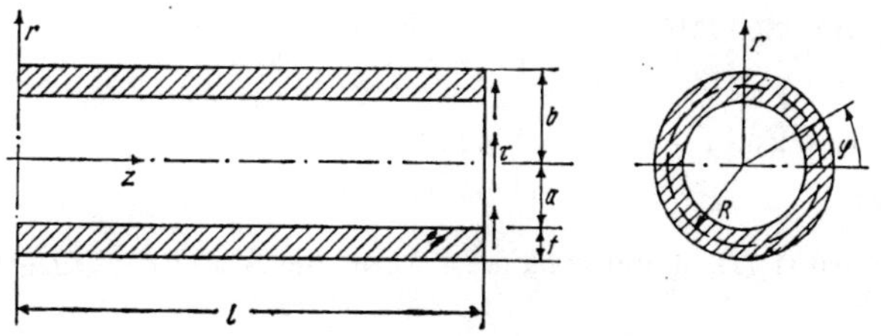

Abb. 2. System im Grundzustand

Die von Null verschiedenen Metrikkoeffizienten und CHRISTOFFELsymbole der zugrunde gelegten Zylinderkoordinaten

$$x^1 = r\,, \qquad x^2 = \varphi\,, \qquad x^3 = z$$

sind bekanntlich

$$\begin{aligned} &g^{11} = g_{11} = g^{33} = g_{33} = 1 \\ &g^{22} = \frac{1}{r^2}\; g_{22} = r^2 \\ &\Gamma^1_{22} = -\,r\,\Gamma^2_{12} = \frac{1}{r}\,. \end{aligned} \tag{3.1}$$

Der (homogene) Spannungszustand in B stellt sich gemischtvariant dar als

$$\sigma^i_k = \begin{pmatrix} 0 & 0 & 0 \\ 0 & 0 & \dfrac{\tau}{r} \\ 0 & r\tau & 0 \end{pmatrix}. \tag{3.2}$$

Führen wir nun für den Geschwindigkeitsvektor $\boldsymbol{v}$ ein

$$\boldsymbol{v} = (u, v, w)\,,$$

so lassen sich der Tensor der Verzerrungsgeschwindigkeit und der Spintensor angeben zu

$$d^i_k = \begin{bmatrix} u' & \dfrac{1}{2}\left(u^* + v' - \dfrac{2v}{r}\right) & \dfrac{1}{2}(u^+ + w') \\ \dfrac{1}{2r^2}\left(u^* + v' - \dfrac{2v}{r}\right) & \dfrac{u}{r} + \dfrac{v^*}{r^2} & \dfrac{1}{2r^2}(v^+ + w^*) \\ \dfrac{1}{2}(u^+ + w') & \dfrac{1}{2}(v^+ + w^*) & w^+ \end{bmatrix}, \tag{3.3}$$

$$\omega^{\,i}_{\cdot k} = \begin{bmatrix} 0 & \dfrac{1}{2}(u^* - v') & \dfrac{1}{2}(u^+ - w') \\ -\dfrac{1}{2r^2}(u^* - v') & 0 & \dfrac{1}{2r^2}(v^+ - w^*) \\ -\dfrac{1}{2}(u^+ - w') & -\dfrac{1}{2}(v^+ - w^*) & 0 \end{bmatrix}, \tag{3.4}$$

wenn hier und im folgenden

$$()' = \frac{\partial}{\partial r}()\,, \qquad ()^* = \frac{\partial}{\partial \varphi}()\,, \qquad ()^+ = \frac{\partial}{\partial z}()$$

gelten sollen und unter σ^i_k, d^i_k bzw. $\omega^{\,i}_{\cdot k}$ die gemischtvarianten Komponenten von $\boldsymbol{S}, \boldsymbol{D}$ und $\boldsymbol{W}$ verstanden werden. Damit lassen sich die Feldgleichungen (2.19) bzw. (2.20) auswerten, und wir erhalten nach einiger Rechnung

$$\begin{aligned} &\Delta u - \frac{1}{r^2}\left(u + 2\frac{v^*}{r}\right) - \frac{\vartheta}{r}\left(w'^* - 2\frac{w^*}{r} + v'^+ - 2u^{+*}\right) + 2q' = 0\,, \\ &\left[\Delta v + \frac{2}{r}(u^* - v')\right](1 - \vartheta^2) - \delta(v^+ + w^*)^+ + 2q^* - \\ &\quad - \vartheta\left[w' + \frac{w^{**}}{r} - u^+ - \frac{v^{*+}}{r} + \frac{\delta}{r}(v^+ + w^*)^* - 2rq^+\right] + \vartheta^2\left[\frac{v'}{r} - 2\frac{v}{r^2} + \frac{u^*}{r} - v^{++} + w^{*+}\right] = 0\,, \\ &r\,\Delta w\,(1 - \vartheta^2) - \frac{\delta}{r}(v^+ + w^*)^* + 2rq^+ + \vartheta\left[\frac{v'}{r} - 2\frac{v}{r^2} + \frac{u^*}{r} - v^{++} + w^{**} + 2q^* - \delta(v^+ + w^*)^+\right] - \\ &\quad - \vartheta^2\left[w' + \frac{w^{**}}{r} - u^+ - \frac{v^{*+}}{r}\right] = 0\,, \\ &u' + \frac{u}{r} + \frac{v^*}{r^2} + w^+ = 0\,, \end{aligned} \tag{3.5}$$

wobei zur Abkürzung die bezogene Größe

$$\vartheta = \frac{\tau}{2G} \tag{3.6}$$

sowie der Operator

$$\Delta() = ()'' + \frac{1}{r}()' + \frac{1}{r^2}()^{**} + ()^{++} \tag{3.7}$$

verwendet werden.

Zur Formulierung der Randbedingungen nehmen wir an, daß die Laibungen des Rohres spannungsfrei bleiben sollen. Nach (2.21) bedeutet das

$$r = a, b: \quad \dot{\sigma}_L^{j1} = 0 \qquad (j = 1, 2, 3)\,. \tag{3.8}$$

Mit Hilfe des Stoffgesetzes (2.15) lassen sich diese Aussagen auch durch die Variable q sowie die Geschwindigkeitskomponenten ausdrücken:

$$\begin{aligned} r = a, b: \quad &(1 - \vartheta^2)\,(u^+ + w') = 0 \\ &(1 - \vartheta^2)\left(u^* + v' - 2\,\frac{v}{r}\right) = 0 \\ &u' + q = 0\,. \end{aligned} \tag{3.9}$$

(3.5) stellt damit ein System von 4 linearen partiellen Differentialgleichungen für u, v, w und q dar, dessen Lösungen den homogenen Randbedingungen (3.9) genügen. Die Lösung dieses linearen Eigenwertproblems liefert den Eigenwert ϑ.

Die Behandlung des Differentialgleichungssystems wird nun wesentlich vereinfacht, wenn für die Funktionen u, v, w und q der drei Raumvariablen r, φ und z ein Produktansatz

$$\begin{aligned} u(r, \varphi, z) &= u(r)\cos(n\varphi + \alpha z)\,, \\ v(r, \varphi, z) &= v(r)\sin(n\varphi + \alpha z)\,, \\ w(r, \varphi, z) &= w(r)\sin(n\varphi + \alpha z)\,, \\ q(r, \varphi, z) &= q(r)\cos(n\varphi + \alpha z) \end{aligned} \tag{3.10}$$

gewählt wird, der die Form der Lösungen in Richtung der Koordinaten φ und z vorgibt. Dabei beschreiben

$$n = 0, 1, 2, 3 \ldots \quad \text{sowie}$$

$$\alpha = m\,\frac{\pi}{l}, \qquad m = 1, 2, 3 \ldots \tag{3.11}$$

die Anzahl der Halbwellen in Umfangs- bzw. Längsrichtung. Setzen wir beispielsweise $n = 0$, so erhalten wir Lösungen für einen rotationssymmetrischen Verzweigungsmodus. Ein solcher Produktansatz hat sich bei Näherungsrechnungen zur Bestimmung von — zu nichtrotationssymmetrischen Beulmoden gehörenden — Beullasten des tordierten Rohres als recht brauchbar erwiesen [5, 8, 11]. Er führt (3.5) in ein System gewöhnlicher Differentialgleichungen über

$$\begin{aligned} 2q' &= f_1(\alpha u + w') + \frac{f_2}{r}(nu + v') - 2\vartheta\,\frac{n}{r}\,\frac{w}{r}\,, \\ (1 - \vartheta^2)\,v'' &= (1 - 2\vartheta^2)\,\frac{v'}{r} + \left[f_5(1 - \vartheta^2) + \frac{2}{r^2}\,\vartheta^2\right] v + 2rqf_2 - \delta f_1(\alpha v + nw) + \\ &\quad + \left[f_2 + \frac{n}{r}(1 - \vartheta^2)\right] u + \vartheta[w' + f_4(\alpha v - nw)]\,, \\ (1 - \vartheta^2)\,w'' &= -(1 - 2\vartheta^2)\,\frac{w'}{r} + f_5(1 - \vartheta^2)\,w + 2qf_1 - \frac{1}{r}\,\delta f_2(\alpha v + nw) - \\ &\quad - \frac{\vartheta}{r}\left[\frac{v'}{r} - 2\,\frac{v}{r^2} - f_2 u + f_3(\alpha v - nw)\right], \\ u' &= -\frac{u}{r} - \frac{n}{r}\,\frac{v}{r} - \alpha w\,, \end{aligned} \tag{3.12}$$

das mit vertretbarem Aufwand numerisch integriert werden kann. Dabei sind

$$f_1 = \alpha + \frac{n}{r}\,\vartheta\,, \qquad f_2 = \frac{n}{r} + \alpha\vartheta\,, \qquad f_3 = \alpha - \frac{n}{r}\,\vartheta\,, \qquad f_4 = \frac{n}{r} - \alpha\vartheta\,, \qquad f_5 = \alpha^2 + \frac{n^2}{r^2} \tag{3.13}$$

zur Abkürzung eingeführte Faktoren.

Entsprechend folgt aus den Randbedingungen (3.9):

$$r = a, b: \quad (1 - \vartheta^2)(w' - \alpha u) = 0\,,$$
$$(1 - \vartheta^2)\left(v' - nu - 2\,\frac{v}{r}\right) = 0\,, \tag{3.14}$$
$$u' + q = 0\,.$$

4. Ergebnisse

Die Lösung des mit (3.12/3.14) beschriebenen linearen Eigenwertproblems erfolgt nun auf iterativem Wege. Dazu wird zunächst ein beliebig gewählter Wert für den gesuchten Eigenwert ϑ vorgegeben. Das auf diese Weise entstandene gewöhnliche Randwertproblem läßt sich dann mit Hilfe des Runge-Kutta-Verfahrens sowie der Methode der Übertragungsmatrizen ohne Schwierigkeit lösen. Dieses Vorgehen wird nun in systematischer Weise so lange wiederholt, bis die Lösung des aus den Randbedingungen (3.14) resultierenden linearen Gleichungssystems mehrdeutig wird, d. h. bis die Nennerdeterminante dieses Gleichungssystems verschwindet. Der entsprechende Wert von ϑ ist dann ein gesuchter Eigenwert des Problems.

Als Ergebnis der Rechnungen sind in den Abb. 3 und 4 die Verläufe der Verzweigungslast ϑ über der bezogenen Länge des Rohres l/R aufgetragen, und zwar für den rotationssymmetrischen Versagensmodus ($n = 0$) in Abb. 3 und für nichtrotationssymmetrische Moden in Abb. 4. Der Rechnung lag dabei das Verhältnis $t/R = 0{,}2$ sowie die Annahme eines linear verfestigenden Materials ($\delta =$ konst.) zugrunde.

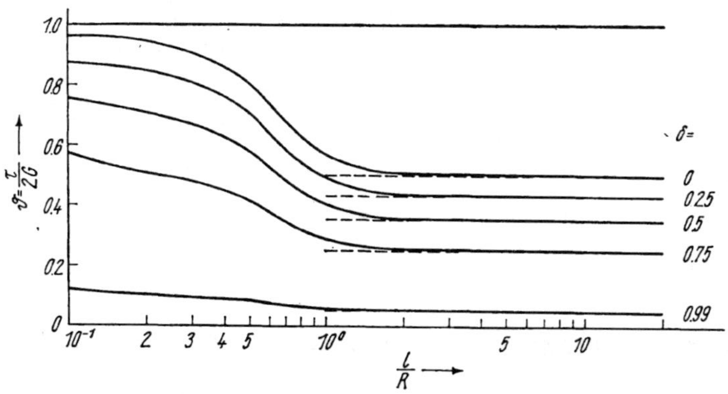

Abb. 3. Verzweigungslasten: symmetrischer Versagensmodus ($n = 0$), $t/R = 0{,}2$

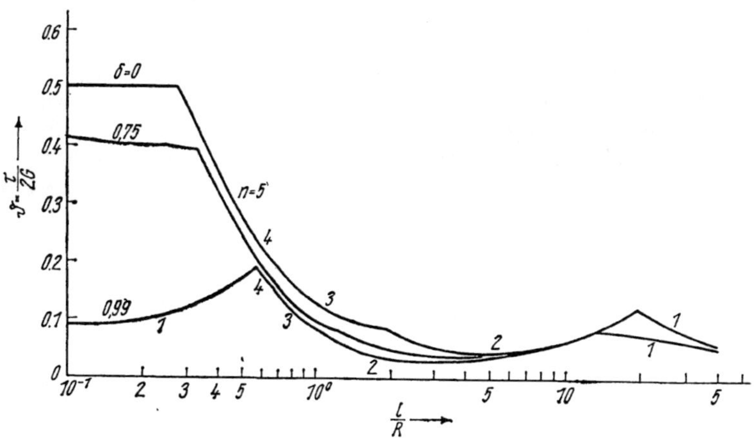

Abb. 4. Verzweigungslasten: nichtrotationssymmetrische Versagensmoden, $t/R = 0{,}2$

Die angegebenen Lösungen sind nun, wie eingangs erwähnt, auf die Geometrie des Grundzustandes bezogen. Will man sie — was für ihre praktische Anwendung sinnvoll erscheint — auf die Geometrie des Ausgangszustandes beziehen, ist es notwendig, auf die Lösung der Grunddeformation einzugehen, d. h. auf die elastoplastische Torsion eines dünnwandigen Rohres mit unbehinderter Längenänderung. Eine allgemeine Lösung dieses Problems ist in [9] enthalten. Für zumindest alle technisch relevanten Werkstoffverhältnisse läßt sich daraus auch eine gute Näherungslösung gewinnen [9, 10], wobei von den Gleichungen

$$\frac{t}{t_0} = 1\,, \qquad \frac{l}{l_0}\cdot\frac{R}{R_0} = 1 \tag{4.1}$$

als Folge der Inkompressibilität des Materials bzw. von

$$\frac{\mathrm{d}\vartheta}{\mathrm{d}\gamma} = \frac{1}{2}(1 - \delta)\,\bar{R}\,\frac{1}{1 - \vartheta\gamma\bar{R}}, \qquad \frac{\mathrm{d}\bar{R}}{\mathrm{d}\gamma} = -\,\vartheta\,\frac{\bar{R}^2}{1 - \vartheta\gamma\bar{R}} \tag{4.2}$$

ausgegangen wird. Dabei sind t die Wandstärke, l die Länge und R der Radius des Zylinders (Abb. 2), und t_0, l_0 und R_0 sind die entsprechenden Größen im Ausgangszustand. Als Abkürzung wurde mit

$$\bar{R} = \frac{R}{R_0} \tag{4.3}$$

ein bezogener Radius eingeführt, γ ist der Scherwinkel der Torsion und gemäß (3.6) kennzeichnet ϑ die wahre Schubspannung.

Mit den Lösungen von (4.2) berechnet sich dann das Torsionsmoment M zu

$$M = 2\pi\tau t R^2 \tag{4.4}$$

bzw.

$$\bar{M} = \frac{M}{4\pi G t_0 R_0^2} = \vartheta \bar{R}^2 . \tag{4.5}$$

Der Verlauf dieses Torsionsmomentes erreicht nun für

$$\frac{d\bar{M}}{d\gamma} = \bar{R}^2 \frac{d\vartheta}{d\gamma} + 2\bar{R}\vartheta \frac{d\bar{R}}{d\gamma} = 0 \tag{4.6}$$

seinen Maximalwert, und in Verbindung mit (4.2) führt dies auf eine Aussage über die zugehörige Schubspannung, die wegen ihrer Verknüpfung mit dem Maximum von $\bar{M}$ als Maximallast $\vartheta_{\max}$ bezeichnet wird,

$$\vartheta_{\max} = \tfrac{1}{2}\sqrt{1-\delta} \; . \tag{4.7}$$

Bei elastoplastischem Materialverhalten mit nichtstetigem Wechsel der Funktion δ im Übergang von elastischen zu plastischen Deformationen — wie z. B. bei jedem linear verfestigenden Material mit δ = konst. — existiert neben dieser Lösung ein weiteres relatives Maximum

$$\vartheta_{\max} = \vartheta_0 , \tag{4.8}$$

wie leicht nachgeprüft werden kann. Dabei ist ϑ_0 die Schubfließspannung

$$\vartheta_0 = \frac{1}{\sqrt{3}} \frac{\sigma_0}{2G}, \tag{4.9}$$

die sich in der angegebenen Weise aus der Fließspannung σ_0 des einaxialen Zuges errechnet. Fassen wir (4.7) und (4.8) zusammen, so gilt ganz allgemein

$$\vartheta_{\max} = \tfrac{1}{2}\sqrt{1-\delta} \geqq \vartheta_0 . \tag{4.10}$$

Vergleichen wir nun in Abb. 3 die Werte der Verzweigungslasten mit den entsprechenden Werten der gestrichelt angegebenen Maximallast, ist festzustellen, daß erstere stets oberhalb der Maximallast liegen. Von einem Längen-Radius-Verhältnis $l/R = 2$ an aufwärts sind beide Kurvenzüge zudem nahezu identisch. Rein qualitativ ist genau dies aber das Ergebnis, das Litonski [3 bzw. 1, 2] zufolge lediglich auf den adiabatischen Prozeß zutreffen soll.

Zur Abrundung sind in Abb. 4 für drei Werte des Verfestigungsparameters δ die — hier exakt ermittelten — „Girlandenkurven" der nichtrotationssymmetrischen Beullasten des tordierten Rohres zusammengetragen, wobei die angegebenen Ziffern die Halbwellenzahlen n der jeweilig die niedrigsten Werte liefernden Kurvenstücke kennzeichnen. Wie zu erwarten, stimmen diese Werte im Bereich mittlerer und großer Rohrlängen ($l/R > 0{,}5$) recht gut mit den bekannten Näherungslösungen [5, 8, 11] überein. Größere Abweichungen sind lediglich für sehr kurze Rohre festzustellen, wo hier ein Einspielen auf nahezu konstante Werte zu beobachten ist.

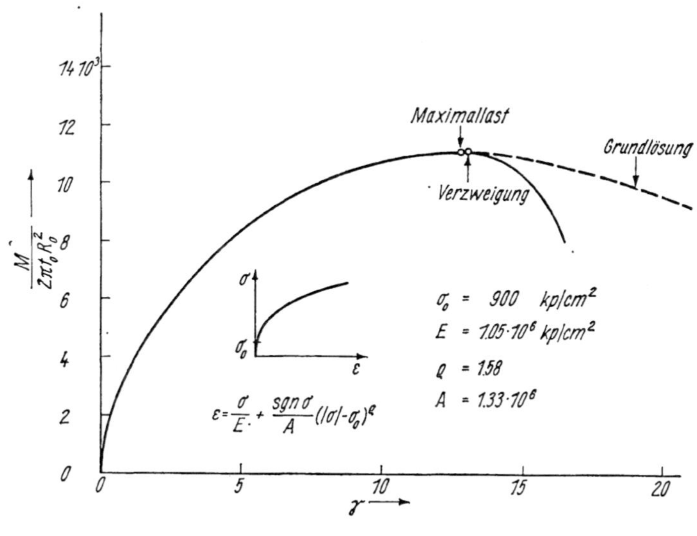

Abb. 5. Verlauf des Torsionsmomentes M über dem Scherwinkel γ für ein dünnwandiges Rohr aus Messing: $l_0/R_0 = 10$, $t_0/R_0 = 0{,}2$

Für eine praxisbezogene Aussage ist es nun noch nötig, statt von linear verfestigendem Material auszugehen, realistisches Verfestigungsverhalten in Rechnung zu stellen. Beziehen wir uns dazu mit Hilfe der in Abb. 5 angegebenen Potenzverfestigung [7] auf die Werkstoffeigenschaften von Messing

$$\delta(\vartheta) = \frac{1}{1 + \frac{A}{\varrho E} \left\{\sigma_0 \left[\left|\frac{\vartheta}{\vartheta_0}\right| - 1\right]\right\}^{1-\varrho}}, \tag{4.11}$$

so erhalten wir als Lösung von (4.2) den in Abb. 5 angegebenen Verlauf des bezogenen Torsionsmomentes über dem Scherwinkel γ. Die Lösung des Eigenwertproblems (3.12/3.14) liefert dann aufgrund symmetrischen „Einschnür-Versagens" einen Verzweigungspunkt kurz nach Erreichen der Maximallast.

Anmerkung

Herrn Prof. Sawczuk sowie Herrn Dr. Raniecki ist der Verfasser für eine Reihe hilfreicher kritischer Anmerkungen zu dieser Arbeit zu Dank verpflichtet.

Literatur

1 Raniecki, B. and A. Sawczuk, Thermal Effects in Plasticity, Part I: Coupled Theory, ZAMM **55** (1975), 333/41.
2 Raniecki, B. and A. Sawzcuk, Thermal Effects in Plasticity, Part II: Uniqueness and Applications, ZAMM **55** (1975), 363/73.
3 Litonski, J., Zur Instabilität unter plastischer Torsion (orig. poln.), bisher unveröffentlicht.
4 Lee, L. H. N. and C. F. Ades, Plastic Torsional Buckling Strength of Cylinders Including the Effects of Imperfections, J. Aeronaut. Sci. **24** (1957), 241/48 u. 264.
5 Neale, K. N., Bifurcation in an Elastic-plastic Cylindrical Shell under Torsion, J. Appl. Mech. **40** (1973), 826/28.
6 Bruhns, O. und K. Thermann, Verzweigungslasten elastoplastischer Kreisplatten, Acta Mechanica **20** (1974), 247/62.
7 Bruhns, O., Einige Bemerkungen zur Bestimmung von Verzweigungslasten elastoplastisch deformierter Kontinua, Techn. wiss. Mitteilungen Nr. 74—9, Inst. KIB, RU Bochum 1974.
8 Bruhns, O., Verzweigungslasten inelastischer Schalen, ZAMM **57** (1977), 165/74.
9 Thermann, K., Zur elastoplastischen Torsion kreiszylindrischer Körper bei endlichen Verzerrungen, Diss. TU Hannover, 1969.
10 Bruhns, O., On finite elastoplastic deformations, in Vorbereitung.
11 Flügge, W., Stresses in shells, 4th pr. Springer-Verl., New York 1967.

Eingereicht am 2. März 1976, revidierte Fassung am 23. August 1976

Anschrift: Prof. Dr.-Ing. Otto Bruhns, Institut für Mechanik, Ruhr-Universität Bochum, Universitätsstraße 150, D 4630 Bochum, BRD

ZAMM 57, 629 – 642 (1977)

R. FRISCHBIER

Zur Lösung des Körperstoßproblems

In der vorliegenden Arbeit wird das bisher ungelöste Problem des Körperstoßes dadurch einer Lösung zugeführt, daß in ihr die Impulserhaltung im Sinne von Descartes begründet wird. Die entwickelten Stoßansätze werden auf den Zentralstoß eines freien gegen einen gleichen festen Stab aus elastischem homogenen Material angewandt. Dieses Problem wird einer geschlossenen Lösung zugeführt. Sie wird mit den spannungsoptischen Druckaufzeichnungen von Schwieger verglichen und damit in guter Übereinstimmung befunden.

In the present paper the up to now unsolved problem of collision between bodies has been brought to a solution by explaining the conservation of impulse in the sense of Descartes. The equations for pushes developed are applied to the central collisions from a rod of elastic homogeneous material towards a rigid rod of the same material. This problem is brought to closed solution. It is compared with the photoelastic registrations by Schwieger and found to be in good agreement.

В этой работе впервые решается задача удара тел при сохрачении импульса в Декартовом смысле. Применяется развитый в данной работе подход к решению проблемы центрального удара свободного стержня по стержню той же прочности из упругого однородного материала. Получено замкнутое решение этой проблемы. Сравнение решения с эластооптическими исследованиями в работе Швигера дело хорошее соответствие.

In seinem Lehrbuch [1] zur technischen Mechanik betont I. SZABÓ:
„Der Ablauf des Stoßvorganges, insbesondere der zeitliche Verlauf der Stoßkraft, ist in allen Einzelheiten bis heute noch nicht geklärt, wenngleich man sich für den Stoß schon sehr früh zu interessieren begann; man bedenke, daß das ‚Schlagen' mit Hammer, Axt, Rammbock usw. zu den primitivsten Tätigkeiten menschlichen Handwerks gehört".

Der Stoß ist ein Grundphänomen der Bewegung der Körper. Wenn zu diesem festgestellt werden muß, daß er in allen seinen Einzelheiten bis heute nicht geklärt ist, so kann darin Grundsätzliches nicht in Ordnung sein. Was das ist, dem soll in dieser Arbeit nachgegangen werden.

1. Die allgemeinen Stoßgleichungen zum Zentralstoß

Zur Klärung dessen, was in der bisherigen Beschreibung des Stoßvorgangs nicht in Ordnung ist, betrachten wir als einfachsten Fall den geradlinigen Zentralstoß zweier Körper.

Es bezeichnen in Richtung der Zentrallinie G_i ($i = 1, 2$) die Bewegungsgrößen der Körper und K_{ij} die Stoßkräfte, die senkrecht zur Stoßfläche ins Innere vom i-ten Körper wirken. Dann gelten die Stoßgleichungen

$$\dot{G}_i = K_{ij}\,, \qquad i \neq j = 1\,,2 \tag{1}$$

unter der Wechselwirkungsbedingung

$$K_{12} = -K_{21}\,. \tag{2}$$

Außer diesen überlegt man sich das Bestehen zusätzlicher Äquivalenzen.

An stoßenden Körpern hat man nicht nur eine Bewegung G_i auf die Stoßfläche zu, sondern vielmehr auch eine von dieser weg, nämlich die der Stauchung, die sich von der Stoßfläche aus in die Körper ausbildet. Dieser G_i entgegengerichteten Bewegung ist gleichfalls eine resultierende Größe $-W_i$ zuzuschreiben. Wie der Änderung von G_i muß aber auch der von $-W_i$ das Gleichgewicht durch die Flächenkraft K_{ij},

$$-\dot{W}_i = K_{ij}\,, \tag{3}$$

gehalten werden.

Ist $t = 0$ der Berührungszeitpunkt der Körper, so muß

$$W_i(0) = 0 \tag{4}$$

sein; denn von diesem Augenblick an beginnt sich die Stauchung an den Körpern erst auszubilden. Darum muß sich der Impuls der Stauchung oder kurz „Stoßimpuls" zu einem Stoßzeitpunkt $t > 0$ zu

$$-W_i(t) = \int\limits_0^t K_{ij}(t)\,\mathrm{d}t \tag{5}$$

bestimmen. Beachtet man die Wechselwirkungsbedingung (2), so folgt die wechselseitige Gleichheit der Stoßimpulse,

$$-W_1(t) = W_2(t)\,. \tag{6}$$

Die Aufgabe der Mechanik deformierbarer Körper ist es, Stoßimpulse $W_i(t)$ wie Stoßkräfte $K_{ij}(t)$ aus der Stauchungs- bzw. Stoßwellenbewegung an den Körpern zu ermitteln. Sie zwingt zur Einbeziehung ihrer Gestalts- und Materialeigenschaften.

Eliminiert man aus (1) und (3) die Stoßkräfte, so geht daraus die Äquivalenz resultierender Bewegungsänderung

$$\dot{G}_i = -\dot{W}_i \tag{7}$$

hervor. Sie besagt, daß die Änderung der Bewegungsgröße des stoßenden Körpers gleich seiner Stoßimpulsänderung ist.

2. Die Kartesische Impulserhaltung

Integriert man die Äquivalenzen (7) über den Stoßabschnitt $t = 0$ bis $t > 0$, so folgen unter Beachtung von (4) die Impulserhaltungen

$$G_i(t) + W_i(t) = G_i(0)\,. \tag{8}$$

Sie besagen, daß die anfängliche Bewegungsgröße $G_i(0)$ der Körper beim Stoß erhalten bleibt. Bezüglich der Größenfestsetzung von $G_i(0)$ überlegt man sich folgendes:

Beim Stoß kann keine Größe objektiv erhalten bleiben, die sich subjektiv nach Belieben durch den Wechsel des relativen Bezugsraumes abändern läßt. Die Objektivität im Stoßgeschehen besteht in dessen ausschließlicher Wechselseitigkeit. Diese folgt aus den unterstellten Gleichungen nur so, daß man die anfängliche Bewegungsgröße im System wechselseitig gleich auf den Körper verteilt,

$$G_1(0) = -\,G_2(0)\,. \tag{9}$$

Das ist diejenige Verteilung der Bewegungsgröße auf die Körper, bei der einer dem anderen im Raum objektiv zu widerstehen vermag. Mit (9) ergibt sich unter Beachtung von (6)

$$G_1(t) = -\,G_2(t)\,. \tag{10}$$

Damit ist in der Tat der wechselseitigen Gleichheit aller resultierenden Größen beim Stoß Rechnung getragen.

Da Descartes derjenige war, der die Erhaltung anfänglicher Bewegungsgröße beim Stoß behauptet hat, sollen (8) die Kartesischen Impulserhaltungen genannt werden.

Die Verteilungen (10) sind die nach dem Massenmittelpunktssystem

$$G_1(t) = \mu v_{12}(t) = -\,\mu v_{21}(t) = -\,G_2(t)\,; \tag{11}$$

dabei bedeuten m_i die Massen der Körper, μ die reduzierte Masse des Systems,

$$\mu = \frac{m_1 m_2}{m_1 + m_2}\,, \tag{12}$$

und $v_{12}(t)$ die Relativgeschwindigkeit der Körper gegeneinander. Geht man mit (11) in die Kartesischen Impulserhaltungen (8) hinein, so lassen diese sich in der Form

$$\mu v_{ij}(t) + W_i(t) = \mu v_{ij}(0) \tag{13}$$

schreiben. Hiernach ist bei Kenntnis der Stoßimpulswerte $-W_1(t) = W_2(t)$ die Relativgeschwindigkeit $v_{12}(t)$ aus der zu Stoßbeginn, $v_{12}(0)$, bestimmt.

Es seien jetzt $v_i(t)$ die Geschwindigkeiten der Körper relativ zu einem Bezugsraum, der gegen das Massenmittelpunktssystem der stoßenden Körper die Translationsgeschwindigkeit $a(t)$ besitzt. Dann besteht mit der Festlegung

$$v_{12}(t) = v_1(t) - v_2(t) = -\,v_{21}(t) \tag{14}$$

der phoronomische Zusammenhang

$$\mu v_{ij}(t) = m_i\{v_i(t) - a(t)\}\,. \tag{15}$$

Unter diesem lassen sich die Relationen (13) dann in der Gestalt

$$m_i\{v_i(t) - a(t)\} + W_i(t) = m_i\{v_i(0) - a(0)\} \tag{16}$$

darstellen. Verlangt man für die $v_i(t)$ die analoge Beziehung

$$m_i v_i(t) + W_i(t) = m_i v_i(0) \tag{17}$$

wie für die $v_{ij}(t)$ in (13), so führt das auf die Bedingung

$$a(t) = a(0) \quad \text{bzw.} \quad m_1 v_1(t) + m_2 v_2(t) = m_1 v_1(0) + m_2 v_2(0)\,, \tag{18}$$

welche besagt, daß sich der Bezugsraum der $v_i(t)$ relativ zum Massenmittelpunktssystem mit konstanter Relativgeschwindigkeit (18) bewegen muß. Dann lassen sich die Impulserhaltungen (16) beiderseitig um Größen $m_i(a)t = m_i a(0)$ vermindern, die sich subjektiv nach Belieben durch den Wechsel des relativen Bezugsraum abändern lassen. Die Folgen (17) solcher Verminderung sind bezugsraumabhängige Relationen. Als solche können sie nicht im Sinne ihres Anscheins ausgelegt werden, wonach beim Stoß die bezugsraumabhängigen Größen $m_i v_i(0)$ erhalten bleiben sollten. Die Relationen (17) sind nur unter der Bedingung (18) richtig, die lediglich das Bewegungsverhältnis zweier relativer Räume, nicht aber das wechselseitige Stoßverhältnis der Körper enthalten. Insofern sagt die Bedingung (18) auch nichts über den eigentlichen Stoßvorgang aus. Demgegenüber enthalten die Kartesischen Impulserhaltungen (8) eine allgemeine Beschreibung des Stoßvorganges, da sie der objektiv wechselseitigen Einwirkung der Körper beim Stoß Rechnung tragen.

3. Die Beschreibung des Zentralstoßes mit der Kartesischen Impulserhaltung

Nach Maßgabe der Kartesischen Impulserhaltung (8) müssen in dem Maße, wie vom Berührungszeitpunkt $t = 0$ an die Stoßimpulse $W_i(t)$ anwachsen, im gleichen Maße die Bewegungsgrößen $G_i(t)$ abnehmen. Diese Abnahme geschieht bis zu dem Augenblick $t = t_k$, zu dem die Stoßimpulse auf den Wert

$$W_1(t_k) = G_1(0) = -\,G_2(0) = -\,W_2(t_k) \tag{19}$$

angewachsen bzw. die Bewegungsgrößen Null geworden sind,

$$G_1(t_k) = - G_2(t_k) = 0\,. \tag{20}$$

Die Äquivalenzen (19) stellen die Bedingungen dar, welche die Stauchung an den Körpern normieren. Dieser Normierung zufolge müssen alle Stoßgrößen Proportionalität zur anfänglichen Relativgeschwindigkeit der Körper gegeneinander und damit zu einer Größe zeigen, die invariant gegenüber jedem Wechsel eines Bezugsraumes zu einem anderen ist. Man erreicht somit für den Körperstoß die Unabhängigkeit von der Wahl des Bezugsraumes dadurch, daß man die resultierenden Stoßgrößen auf objektiv wechselseitige Wirkungen an den Körpern zurückführt.

Den Stoßabschnitt

$$0 < t < t_k \tag{21}$$

des Anwachsens der Stoßkräfte vom Wert

$$K_{12}(0) = - K_{21}(0) = 0 \tag{22}$$

bis auf den maximalen Wert

$$| K_{12}(t_k) | = | K_{21}(t_k) | = \mathrm{Max} \tag{23}$$

bezeichnet man als Kompressionsphase.

Der Zeitpunkt t_k des Kompressionsendes ist zugleich der Beginn der Restitution. Bei dieser geht zufolge der Abnahme der Stoßkräfte $K_{ij}(t)$ die Stauchung an den Körpern zurück. Gleichzeitig wachsen aber nach (5) die Stoßimpulse über den Wert (19) hinaus an. Wegen der Impulserhaltung (8) muß dann in dem Maße, wie $W_i(t)$ über den Wert $G_i(0)$ hinauswächst, die Bewegungsgröße $G_i(t)$ wieder um einen Anteil anwachsen, der zur anfänglichen Bewegungsgröße $G_i(0)$ entgegengesetzt ist. Der Stoß ist in dem Zeitpunkt $t = t_e$ beendet, in dem die Stoßkräfte verschwinden,

$$K_{12}(t_e) = - K_{21}(t_e) = 0\,. \tag{24}$$

Dann sind nach (1) und (3) die notwendigen Bedingungen

$$\dot{G}_i(t_e) = - \dot{W}_i(t_e) = 0 \tag{25}$$

für die Konstanz der Bewegungsgrößen und Stoßimpulse in der Nachstoßphase erfüllt. Den Stoßabschnitt

$$t_k < t < t_e \tag{26}$$

des Abnehmens der Stoßkräfte vom maximalen Wert (23) bis auf den verschwindenden Wert (24) nennt man die Restitutionsphase.

Definiert man unter Beachtung von (5) die Stoßzahl

$$R = \int_{t_k}^{t_e} K_{ij}(t)\,\mathrm{d}t \Big/ \int_0^{t_k} K_{ij}(t)\,\mathrm{d}t = W_i(t_e) \,/\, W_i(t_k) - 1\,, \tag{27}$$

so lassen unter Berücksichtigung von (19) die Kartesischen Impulserhaltungen (8) für das Stoßende die Darstellungen

$$G_i(t_e) = - R G_i(0) \tag{28}$$

zu. Aus ihnen erkennt man in

$$Q_i = (1 - R)\, G_i(0) = 2 W_i(t_k) - W_i(t_e) \tag{29}$$

diejenigen Werte, um die die Bewegungsgrößen in der Nachstoßphase $t > t_e$ von denen beim vollkommen elastischen Stoß mit der Bestimmung

$$R = 1 \tag{30}$$

abweichen. Folglich bedeuten die Impulsdifferenzen (29) dasjenige Kartesische Maß, um das sich der Deformationszustand der Körper beim Stoßende relativ von dem bei Stoßanfang unterscheidet. Nun können die Körper in der Restitutionsphase einen Impuls allenfalls in der Größe wieder abgeben, in der sie ihn in der vorangegangenen Kompressionsphase aufgenommen haben. Darum unterliegt die Stoßzahl (27) den Beschränkungen

$$0 \leqq R \leqq 1\,. \tag{31}$$

Die untere Schranke $R = 0$ entspricht dem vollkommen unelastischen Stoß.

Setzt man in (28) die Bestimmungen (11) ein, so folgt die auf NEWTON zurückgehende Stoßhypothese

$$v_{12}(t_e) = - R v_{12}(0)\,. \tag{32}$$

Man nennt die Stoßzahl R darum auch den NEWTONschen Restitutionskoeffizienten.

4. Die deformatorischen Bestimmungen der Stoßimpulse und Stoßkräfte

Es seien $\boldsymbol{r}_i = \boldsymbol{r}_i(0)$ die Lagen der Körperteile $\mathrm{d}V_i$ in den ungestauchten Körpern und $\boldsymbol{r}_i(t)$ deren Lagen im körperfesten Bezugsraum der $\boldsymbol{r}_i$ zum Stauchungsaugenblick t; dann sind

$$\boldsymbol{r}_i(t) - \boldsymbol{r}_i(0) = \boldsymbol{w}_i(\boldsymbol{r}_i, t) \tag{33}$$

die momentanen Stauchungen an den Körpern. Aus ihnen bestimmen sich die Elemente der Stoßimpulse mit ϱ_i als den Dichten zu

$$d\boldsymbol{W}_i = \varrho_i \dot{\boldsymbol{w}}_i \, dV_i \,. \tag{34}$$

Sie ergeben zur Bestimmung für den gesamten Stoßimpuls das Integra

$$\boldsymbol{W}_i(t) = \int_{V_i} \varrho_i \dot{\boldsymbol{w}}_i \, dV_i \,. \tag{35}$$

Es seien weiter

$$\sigma_i = \sigma_i(\boldsymbol{r}_i, t) \tag{36}$$

die Spannungsdyaden zu den gestauchten Körpern und

$$\sigma_i \cdot \boldsymbol{n}_i \tag{37}$$

die Drücke auf die gerichteten Oberflächenelemente $\boldsymbol{n}_i \, dF_i$ der momentanen Stoßflächen. Dann müssen die Stoßkräfte aus den Flächenintegralen

$$K_{ij}(t) = \int_{F_i} \sigma_i \cdot \boldsymbol{n}_i \, dF_i \tag{38}$$

bestimmbar sein.

Vermittels der integralen Bestimmungen (35) und (38) lassen sich die Änderungen der Stoßimpulse (3) in üblicher Weise auf Feldgleichungen deformierbarer Körper,

$$\varrho_i \ddot{\boldsymbol{w}}_i = \nabla \cdot \sigma_i \,, \tag{39}$$

zurückführen.

5. Die Anfangsbedingungen der Stauchung und ihre Normierung

Setzt man in der Vorstoßphase $t < 0$ die Körper als ungestaucht voraus, so unterstellt man, daß ihre Teile relativ zueinander in Ruhe sind. Also verlangt man das Bestehen der Ruhbedingungen

$$\boldsymbol{w}_i = \dot{\boldsymbol{w}}_i = \ddot{\boldsymbol{w}}_i = 0 \quad \text{für} \quad t < 0 \,. \tag{40}$$

Da der Berührungszeitpunkt zugleich Ende der Vor- wie Anfang der Stoßphase ist, stellen (40) die Anfangsbedingungen für die Stauchung an den Körpern dar. Man muß hier aber noch mehr verlangen.

Es breitet sich nämlich die Frontfläche der Stauchung mit endlicher Geschwindigkeit in die Körper aus. Darum müssen die Bedingungen (40) noch zu Zeiten $t > 0$ für alle jene Körperteile $V_i - \overline{V}_i$ bestehen, die von der Frontfläche der Stauchung noch nicht überlaufen sind. Sind demnach $\overline{V}_i$ die zum Augenblick $t > 0$ bereits gestauchten Körperteile, so muß die Bestimmung der Stoßimpulse in der Form

$$W_i(t) = \int_{\overline{V}_i} \varrho_i \dot{\boldsymbol{w}}_i \cdot \boldsymbol{e} \, d\overline{V}_i$$

möglich sein. Während der Stauchung wirken die Elemente der Körper nicht gleichzeitig, sondern vielmehr nacheinander. Das ist bei den Bewegungsgrößen nicht der Fall. Hier wirken entsprechend der Formel

$$G_i(t) = m_i \left\{ \frac{\mu}{m_i} v_{ij}(t) \right\}$$

die Körper mit allen ihren Elementen gleichzeitig. Die Gesamtimpulsgröße stoßender Körper $G_i(t) + W_i(t)$ setzt sich daher aus zwei grundsätzlich zu unterscheidenden Bewegungsformen zusammen.

Die bisher übliche Zusammensetzung war die der Bewegung starrer Körper nachgebildete, nämlich die der Überlagerung der Massenmittelpunktsbewegung mit der Bewegung der Körperelemente relativ zum Massenmittelpunkt. Diese Art der Zusammensetzung ist im Falle deformierbarer Körper nur richtig, wenn sich die Körper im eingeschwungenen, stationären Zustand mit der Bedingung

$$\int_{V_i} \varrho_i \ddot{\mathbf{s}}_i \, dV_i = 0$$

befinden, in der $\ddot{\mathbf{s}}_i$ die Beschleunigungen der Körperelemente relativ zum Massenmittelpunkt der Körper sind. Sie wird falsch, wenn die Körper wie beim Stoß im einschwingenden, nicht stationären Zustand $\dot{\boldsymbol{W}}_i \neq 0$ sind.

Trotz der Homogenität der Feldgleichungen (39) und ihrer Anfangsbedingungen (40) lassen sich die Stauchungen auf Grund der Inhomogenität der Impulsbedingung (19) als verschieden von Null bestimmen, denn danach müssen in Verbindung mit (35) die Stauchungen so normiert werden, daß zum Zeitpunkt des Kompressionsendes t_k Äquivalenz mit der anfänglichen Bewegungsgröße,

$$\int_{V_i} \varrho_i \dot{\boldsymbol{w}}_i(\boldsymbol{r}_i, t_k) \cdot \boldsymbol{e} \, dV_i = -G_i(0) \,, \tag{41}$$

besteht; dabei ist $\boldsymbol{e}$ der Einheitsvektor der Zentralstoßlinie. Der Zeitpunkt t_k ist aus der Maximumsforderung (23) zu bestimmen.

Zu den Anfangsbedingungen (40) ist hier noch eine grundsätzliche Anmerkung zu machen: Die Stauchungen sind der Definition nach deformatorische Verschiebungen der Elemente eines Körpers relativ gegeneinander und nicht Verlagerungen bezüglich eines äußeren relativen Raumes. Die Beurteilung der Stauchungen hat darum dynamisch in dem Maße zu erfolgen, als Flächenkräfte auf die Körperelemente einwirken, die sie zwingen, ihre relative Lage gegen ihre Nachbarelemente zu ändern. Beim Vordringen der Stoßwelle in die Körper ist ihren noch ungestauchten Elementen völlige relative Ruhe (40) und nur denjenigen Elementen Bewegung zuzuschreiben, die momentan gestaucht werden. Man kann die Bewegung hier nicht in einem beliebigen äußeren Bezugsraum beurteilen, gegen den auch den ungestauchten Teilen dem Scheine nach Bewegung zukäme. Darum ist es grundsätzlich falsch, wenn SAINT VENANT [2] und NEUMANN [3], [4], [5] zu Anfangsbedingungen der Deformationsbewegung an den Körpern diejenigen phoronomischen Geschwindigkeiten machen, die diese zu Stoßbeginn dem Scheine nach gegen den gewählten äußeren Bezugsraum haben.

6. Die Endbedingungen bei der Stoßbewegung

Die theoretische Behandlung des Stoßproblems wird zeigen, daß es selbst unter Einbeziehung der Spannungs-Dehnungs-Beziehungen noch nicht lösbar ist. Man ist gezwungen, sich nach weiteren Bestimmungen umzusehen. Solche findet man in den Bedingungen vom Stoßende.

Aus (25) folgen in Verbindung mit (35) die Bedingungen

$$\int_{V_i} \varrho_i \ddot{\boldsymbol{w}}_i(\boldsymbol{r}_i, t_E) \cdot \boldsymbol{e} \, \mathrm{d}V_i = 0 \,. \tag{42}$$

Beim Stoßende werden sich die Körper im allgemeinen aber nicht wieder im Deformationszustand vom Stoßbeginn befinden. Vielmehr werden im Falle elastischer Körper diese zu Schwingungen angeregt sein. Folglich darf man aus dem Verschwinden der Integrale (42) nicht auf das Verschwinden ihrer Integranden schließen. Bei nicht verschwindenden Integranden aber können die Integrale (42) den Wert Null nur dann annehmen, wenn es eine die Körper V_i in zwei Teile V_i', V_i'' mit $V_i = V_i' + V_i''$ teilende Fläche $F_i(\boldsymbol{r}_i') = 0$ gibt, so daß auf dieser der jeweilige Integrand verschwindet,

$$\varrho_i \ddot{\boldsymbol{w}}_i(\boldsymbol{r}_i', t_e) \cdot \boldsymbol{e} = 0 \,, \tag{43}$$

und in den Teilgebieten V_i' und V_i'' entgegengesetzte Werte hat. Man darf also aus (42) auf die Äquivalenzen

$$\int_{V_i'} \varrho_i \ddot{\boldsymbol{w}}_i(\boldsymbol{r}_i, t_e) \cdot \boldsymbol{e} \, \mathrm{d}V_i' = - \int_{V_i''} \varrho_i \ddot{\boldsymbol{w}}_i(\boldsymbol{r}_i, t_e) \cdot \boldsymbol{e} \, \mathrm{d}V_i'' \tag{44}$$

schließen. Jetzt stellen diese aber die Größen der Impulsänderung der angeregten Schwingung dar, die an den Körpern durch den Stoß bewirkt worden sind. Unter dem Grundsatz der Wechselseitigkeit aller resultierenden Stoßwirkungen ist die Anregung einer Schwingung an den Körpern nur mit dem Bestehen der Äquivalenzen

$$\int_{V_1'} \varrho_1 \ddot{\boldsymbol{w}}_1(\boldsymbol{r}_1, t_e) \cdot \boldsymbol{e} \, \mathrm{d}V_1' = - \int_{V_2'} \varrho_2 \ddot{\boldsymbol{w}}_2(\boldsymbol{r}_2, t_e) \cdot \boldsymbol{e} \, \mathrm{d}V_2' \tag{45}$$

vereinbar, wo V_i' die Teile mit den Berührungspunkten der stoßenden Körper sind. Hiermit ist unvereinbar, daß bei Stoßende der eine Körper spannungsfrei, der andere dagegen spannungsbehaftet ist, wie das nach SAINT VENANT und NEUMANN der Fall sein sollte.

Bei Stoßende sind aber nicht allein die den $\varrho_i \ddot{\boldsymbol{w}}_i \cdot \boldsymbol{e}$ nach (39) entsprechenden Äquivalenzen

$$W_i^{(0)}(\boldsymbol{r}_i, t_e) = \nabla \cdot \sigma_i(\boldsymbol{r}_i, t_e) \cdot \boldsymbol{e} \tag{46}$$

durch den Stoß bewirkte Feldgrößen. Vielmehr sind das alle diejenigen abgeleiteten Größen

$$W_i^{(m)}(\boldsymbol{r}_i, t_e) = \underbrace{\int^{x_i} \mathrm{d}x_i \ldots \int^{x_i}}_{m\text{-fach}} \mathrm{d}x_i \; W_i^{(0)}(\boldsymbol{r}_i, t_e) \,, \tag{47}$$

die aus den Größen (46) durch fortgesetzte unbestimmte Integration nach der in die Zentralstoßlinie fallenden Koordinate $x_i = \boldsymbol{r}_i \cdot \boldsymbol{e}$ hervorgehen. Darum sind um der Wechselseitigkeit aller durch den Stoß bewirkten Feldgrößen (47) willen auch für sie die (45) entsprechenden Wechselseitigkeitsbedingungen

$$\int_{V_1'} W_1^{(m-1)}(\boldsymbol{r}_1, t_e) \, \mathrm{d}V_1' = - \int_{V_2'} W_2^{(m-1)}(\boldsymbol{r}_2, t_e) \, \mathrm{d}V_2' \,, \qquad m = 1, 2 \,. \tag{48}$$

zu verlangen. Dabei entspricht der Fall $m = 1$ der Forderung (45).

Um zu gewährleisten, daß bei Stoßende die Stoßzahl den größtmöglichen Wert im Rahmen der aufgestellten Bestimmungsgleichungen annimmt, muß man zu den bisher formulierten Stoßbestimmungen eine von einem Parameter abhängige Lösung suchen. Dabei darf und kann die Stoßzeit T als möglicher Parameter gewählt werden. Aus der Parameterlösung $R(T)$ ist die wahre Stoßzeit $T = t_e$ aus der Forderung

$$R(t_e) = \mathrm{Max} \tag{49}$$

zu ermitteln. Wegen (49) ist gewährleistet, daß die Körper im Augenblick der Trennung ein Maximum an Bewegungsgröße (28) zurückerhalten, oder aber die Schwingungen an ihnen durch ein Minimum an Impulsgröße (29) angeregt sind.

Damit sind die Bedingungen aufgeführt, um zumindest den Zentralstoß schlanker elastischer Stäbe im Rahmen der linearen Elastizitätstheorie mit hinreichend bekannten Mitteln behandeln zu können. Bevor das getan wird, sollen die grundlegenden Erhaltungssätze beim Stoß formuliert werden.

7. Die grundlegenden Erhaltungssätze beim Stoß

Nach den Betrachtungen zur Behandlung des Zentralstoßes zweier Körper sollen jetzt die Grundgleichungen für den allgemeinen Stoßfall zweier Körper formuliert werden.

Zu diesem Zweck hat man über die Grundgrößen des Zentralstoßproblems

1) *die Bewegungsgrößen* $\boldsymbol{G}_i(t)$,
2) *die Stoßimpulse* $\boldsymbol{W}_i(t)$,
3) *die Stoßkräfte* $\boldsymbol{K}_{ij}(t)$

hinaus die Grundgrößen des Drehstoßproblems

4) *die Drehbewegungsgrößen* $\boldsymbol{D}_i(t)$,
5) *die Drehstoßimpulse* $\boldsymbol{S}_i(t)$,
6) *die Stoßmomente* $\boldsymbol{M}_{ij}(t)$

einzuführen. Dann sind die allgemeinen Stoßgleichungen durch die Änderungsgleichungen der resultierenden Bewegung

$$\text{a)}\ \dot{\boldsymbol{G}}_i = \boldsymbol{K}_{ij}\,, \qquad \text{b)}\ \dot{\boldsymbol{D}}_i = \boldsymbol{M}_{ij} \tag{50}$$

und

$$\text{a)}\ -\dot{\boldsymbol{W}}_i = \boldsymbol{K}_{ij}\,, \qquad \text{b)}\ -\dot{\boldsymbol{S}}_i = \boldsymbol{M}_{ij} \tag{51}$$

gegeben. Dabei fordert das Wechselwirkungsprinzip

$$\text{a)}\ \boldsymbol{K}_{12} = -\boldsymbol{K}_{21}\,, \qquad \text{b)}\ \boldsymbol{M}_{12} = -\boldsymbol{M}_{21}\,. \tag{52}$$

Eliminiert man aus den Stoßgleichungen die Stoßkräfte bzw. Stoßmomente, so folgen die Äquivalenzen der resultierenden Bewegung

$$\text{a)}\ \dot{\boldsymbol{G}}_i = -\dot{\boldsymbol{W}}_i\,, \qquad \text{b)}\ \dot{\boldsymbol{D}}_i = -\dot{\boldsymbol{S}}_i\,. \tag{53}$$

Integriert man diese über einen Stoßabschnitt, so folgen auf Grund der Anfangsbedingungen

$$\text{a)}\ \boldsymbol{W}_i(0) = 0\,, \qquad \text{b)}\ \boldsymbol{S}_i(0) = 0 \tag{54}$$

die Kartesischen Formen der Impuls- bzw. Drehimpulserhaltung

$$\text{a)}\ \boldsymbol{G}_i(t) + \boldsymbol{W}_i(t) = \boldsymbol{G}_i(0)\,, \qquad \text{b)}\ \boldsymbol{D}_i(t) + \boldsymbol{S}_i(t) = \boldsymbol{D}_i(0) \tag{55}$$

mit den Wechselseitigkeitsbedingungen

$$\text{a)}\ \boldsymbol{G}_1(t) = -\boldsymbol{G}_2(t)\,, \qquad \text{b)}\ \boldsymbol{W}_1(t) = -\boldsymbol{W}_2(t)\,, \qquad \text{c)}\ \boldsymbol{S}_1(t) = -\boldsymbol{S}_2(t)\,. \tag{56}$$

Die Drehimpulserhaltungen (55b) unterscheiden sich von den Impulserhaltungen (55a) grundsätzlich dadurch, daß die anfänglichen Drehbewegungsgrößen dynamisch allgemein mit

$$\boldsymbol{D}_1(0) \neq -\boldsymbol{D}_2(0) \tag{57}$$

und nicht mechanisch wie die Bewegungsgrößen entsprechend (56a) zu beurteilen sind.

Wie nämlich der Drehzahlmesser in Form des Zentrifugalregulators deutlich macht, muß die Drehbewegungsgröße aus der wechselseitigen Relativbewegung der Körperelemente gegeneinander heraus beurteilt werden. Für eine solche Relativbewegung ist es nicht einerlei, ob man den Raum relativ zum Körper oder aber den Körper mit der entgegengesetzten Bewegung relativ zum Raum dreht. Im ersteren Fall ist die Bewegung bloß phoronomisch, bei der die Körperelemente keine Relativbewegung gegeneinander erfahren. Einzig im zweiten Fall tritt eine wechselseitige Relativverschiebung der Körperelemente gegeneinander ein. Dadurch erweist sie sich als wirkliche und nicht bloß scheinbare Bewegung. Die Drehbewegung eines Körpers ist also dynamisch nach Maßgabe der Kräfte zu beurteilen, die bei dieser an den Körperelementen wirksam sind und deren Momente die Drehbewegung in Wahrheit bedingen. Die anfänglichen Drehbewegungsgrößen sind daher unabhängig voneinander nach den dynamischen Verhältnissen in ihnen festzusetzen, weshalb im allgemeinen auch (57) gelten wird.

Nach Maßgabe der Kartesischen Erhaltungen (55a, b) sind die Dreh- bzw. Bewegungsgrößen bestimmt, wenn die Dreh- bzw. Stoßimpulse es sind. Diese können nur so bestimmt sein, daß man die Stoßgleichungen (51a, b) auf Feldgleichungen für die Stauchungen zurückgeführt und sie aus diesen ermittelt hat. Sind Dreh- und Stoßimpulse aus diesen ermittelt, dann sind Dreh- und Bewegungsgrößen der Körper während des Stoßes und nach dem Stoß über die Kartesischen Erhaltungen (55a, b) eindeutig bestimmt.

8. Der Kartesisch-Leibnizsche Erhaltungsstreit

Die Dreh- bzw. Stoßimpulse lassen sich aus den Kartesischen Erhaltungen (55a, b) mittels der Wechselseitigkeitsbedingungen (56b, c) herausheben. Die Folgen sind die bisher als Dreh- bzw. Impulserhaltung ausgegebenen Sätze

$$\text{a)}\ \boldsymbol{G}_1(t) + \boldsymbol{G}_2(t) = \boldsymbol{G}_1(0) + \boldsymbol{G}_2(0)\,, \qquad \text{b)}\ \boldsymbol{D}_1(t) + \boldsymbol{D}_2(t) = \boldsymbol{D}_1(0) + \boldsymbol{D}_2(0)\,. \tag{58}$$

In Wahrheit bedeuten sie aber keine Erhaltung entsprechender Größe in der Zeit, sondern vielmehr nur die Bedingung wechselseitiger Gleichheit der Dreh- bzw. Stoßimpulse in jedem Augenblick des Stoßes.

Hätte man nichts als die Relationen (58a, b), so verfügte man in ihnen über zwei vektorielle Bestimmungsgleichungen für die vier vektoriellen Stoßunbekannten

$$\boldsymbol{G}_i(t)\,, \qquad \boldsymbol{D}_i(t) \qquad i = 1, 2\,. \tag{59}$$

Also verlangte ihre vollständige Festlegung zwei weitere vektorielle Bestimmungsgleichungen. Diese können nicht nach der bloßen Möglichkeit ausgewählt werden, die Unbekannten mathematisch festzulegen, denn allein aus dieser Möglichkeit heraus ließe sich nicht die Notwendigkeit als Bedingung für die die Bewegung bestimmenden Größen (59) begründen. Die Erkenntnis, daß eine mathematisch mögliche Bestimmungsgleichung notwendig für die Größen (59) ist, vermag einzig daraus zu entspringen, daß man sie aus den Änderungsgleichungen (50a, b; 51a, b) ableitet; anderenfalls hieße das nämlich Bestimmungen in Rechnung zu stellen, die sich nicht als Änderung der Bewegung äußerten.

Die beim Stoß bewirkten Stauchungen sind dann nicht bestimmt, wenn man über die vektoriellen Bestimmungsgleichungen (58a, b) hinaus einen einzigen skalaren Satz Leibnizscher Erhaltung

$$T(t) + A(t) = T(0)\,, \tag{60}$$

mit T als kinetischer Energie und A als innerer Energie des Systems, der stoßenden Körper hinzufügt. Dieser skalare Satz enthält an sich weder die Möglichkeit, sich auf die vektoriellen Feldgleichungen (39) zu reduzieren, noch die Möglichkeit, die vektoriellen Größen der Stauchung aus ihm heraus normieren zu lassen. Folglich ist von diesem Leibnizschen Standpunkt aus keine Bestimmung des physikalischen Grundphänomens der Körperstöße möglich.

Die Kartesischen Erhaltungssätze (55a, b) bestimmen unter den genannten Voraussetzungen alle unbekannten Stoßgrößen (59) vollständig. Darum wäre es ein Widerspruch, wenn es über sie hinaus eine zusätzliche, von ihnen unabhängige, Erhaltungsgröße (60) gäbe. Der Widerspruch läge aber nur dann vor, wenn sich die Leibnizsche Erhaltung (60) aus den Stoßgleichungen (50a, b; 51a, b) ableitete. Das aber ist nicht der Fall.

Indem der dargelegte Kartesische Standpunkt mit seinen vektoriellen Erhaltungen (55a, b) das anstehende Stoßproblem vollständig bestimmt, der Leibnizsche Standpunkt mit seinen Gleichungen (58a, b) und (60) dieses dagegen prinzipiell unbestimmt läßt, ist allein der Kartesische der mögliche und darüberhinaus notwendige Standpunkt.

Anwendungsbeispiel: Der Zentralstoß eines freien gegen einen gleichen festen Stab

1. Problemstellung

Als Anwendung zu den entwickelten Stoßansätzen soll hier der einfachste Fall geradlinigen Zentralstoßes, der schlanker Stäbe aus homogenem elastischen Material, behandelt werden. Auf diesen hatten auch Saint Venant und Neumann ihre Betrachtungen eingeschränkt. Die wesentlichen Vereinfachungen bestehen dabei darin, daß man näherungsweise mit ebenen Stauchungszuständen rechnen darf. Im Rahmen dieser Unterstellung soll hier aber noch nicht der Stoß freier Stäbe, sondern der eines freien gegen einen gleichen festen Stab behandelt werden. Seinen Grund hat das darin, daß dieser Einzelfall mathematisch eine geschlossene Lösung zuläßt. Zunächst sollen jedoch die Stoßansätze in bezug auf unterschiedliche Stäbe, sowohl den Abmessungen wie dem Material nach, entwickelt werden.

Entsprechend der Voraussetzung dürfen die Stauchungen in der einkomponentigen Form

$$\boldsymbol{w}_i(x_i, t) = w_i(x_i, t) \cdot \boldsymbol{e} \tag{61}$$

mit dem Variabilitätsbereich $0 \leqq x_i \leqq l_i$ der x_i-Koordinate angesetzt werden; dabei sollen l_i die Stablängen und x_i die Lagen der Querschnittsflächen der Stäbe senkrecht zur Richtung $\boldsymbol{e}$ der Zentrallinie sein. Weiter kennzeichnen $x_i = 0$ die Stoßflächen und $x_i = l_i$ die jeweils äußeren Stabflächen. Darüberhinaus bedeuten $F_1 = F_2$ die konstanten Querschnittsflächen, E_i die Elastizitätsmoduln und $c_i = (E_i/\varrho_i)^{1/2}$ die Ausbreitungsgeschwindigkeiten der Schallwellen in den Stäben. Der Nabla-Operator ist in der Form

$$\nabla = (-1)^i\, \boldsymbol{e}\, \partial/\partial x_i\,, \tag{62}$$

die Spannungs-Dehnungs-Beziehungen sind dem Hookeschen Gesetz entsprechend in der Form

$$\sigma_i(x_i, t) = (-1)^i\, E_i w_{i;x_i}(x_i, t) \tag{63}$$

anzusetzen.

Zur Konstruktion der Stauchungen w_i ist es zweckmäßig, die dimensionslosen Parameter

$$\lambda_i = \frac{c_1 l_i}{c_i l_1}, \qquad P_i = \left(-\frac{m_1}{m_2}\lambda_2\right)^{i-1} \tag{64}$$

mit den Stabmassen m_i sowie die Veränderlichen

$$\xi_i = \lambda_i \frac{x_i}{l_i}, \qquad \tau = \frac{c_1}{l_1} t \tag{65}$$

einzuführen. Damit bestimmen sich die Charakteristiken der Schallausbreitung zu

$$\eta_i = \tau - \xi_i\,, \qquad \zeta_i = \tau + \xi_i\,. \tag{66}$$

Mit diesen Charakteristiken definieren wir die d'Alembertschen Ausdrücke

$$\begin{aligned} &\text{a)} \quad w_1(\xi_1, \tau) = f(\eta_1) + \sum_{k=1}^{\infty} \{f(\eta_1 - 2k) + f(\zeta_1 - 2k)\}\,,\\ &\text{b)} \quad w_2(\xi_2, \tau) = P_2\left[f(\eta_2) + \sum_{k=1}^{\infty} (-1)^k \{f(\eta_2 - 2k\lambda_2) + f(\zeta_2 - 2k\lambda_2)\}\right], \end{aligned} \tag{67}$$

wobei die Funktion $f(\varrho)$ den Forderungen

$$\{f(\varrho)\,,\quad f'(\varrho)\,,\quad f''(\varrho)\} = \begin{cases} 0 & \text{für} \quad \varrho \leqq 0 \\ \neq 0 & \text{für} \quad \varrho > 0 \end{cases} \tag{68}$$

unterliege; dabei deute der Strich am Funktionszeichen f Ableitung nach dem Argument ϱ an. Die D'ALEMBERTschen Ausdrücke (67) sind nur scheinbar unendliche Summen, da für endliches $\varrho > 0$ wegen (68) stets nur eine endliche Anzahl ihrer Summanden von Null verschieden sind.

2. Die Eigenschaften der D'ALEMBERTschen Ausdrücke

Aus den D'ALEMBERTschen Ausdrücken (67) liest man die nachstehenden Eigenschaften ab: Sie sind Integrale der Wellengleichungen

$$w_{i;\tau\tau} = w_{i;\xi_i\xi_i}\,, \tag{69}$$

die unter den erhobenen Voraussetzungen die Feldgleichungen (39) sind. Das Integral (67a) genügt der Bedingung der Lastfreiheit an der äußeren Stabfläche $\xi_1 = 1$ bzw. $x_1 = l_1$:

$$w_{1;\xi_1}(1,\tau) = 0\,. \tag{70}$$

Das Integral (67b) erfüllt die Bedingung der Unverrückbarkeit für die Stabfläche $\xi_2 = \lambda_2$ bzw. $x_2 = l_2$:

$$w_2(\lambda_2,\tau) = 0\,. \tag{71}$$

Dabei bezieht sich der Index 1 auf den freien ersten und der Index 2 auf den festen zweiten Stab, der an seiner Fläche $x_2 = l_2$ festgehalten wird. Auf Grund der Eigenschaften

$$w_{i;\xi_i}(0,\tau) = -\,P_i f'(\tau) \tag{72}$$

bestehen an den Stoßflächen $\xi_i = 0$ unter Beachtung der Festsetzung (64) die (2) entsprechenden Wechselwirkungsbedingungen

$$w_{2;\xi_2}(0,\tau) = P_2 w_{1;\xi_1}(0,\tau)\,. \tag{73}$$

Schließlich bestehen noch wegen der Verabredungen (68) die (40) entsprechenden Anfangsbedingungen

$$w_i = \dot{w}_i = \ddot{w}_i = 0 \quad \text{für} \quad \tau \leqq \xi_i\,. \tag{74}$$

An den Eigenschaften (72) wird deutlich, daß der Stoß der Stäbe theoretisch so angegangen wird, daß man die Stoßflächen wechselseitig gleichen zeitlich veränderlichen Stoßkräften aussetzt und unter ihrer Einwirkung die Stauchung der Stäbe getrennt voneinander beschreibt. In der Behandlung des gleichen Problems durch NEUMANN werden die stoßenden Stäbe zu einem elastischen Kontinuum zusammengefügt.

3. Der Ansatz für die Funktion $f(\varrho)$

Für die in (67) unbestimmt angesetzte Funktion $f(\varrho)$ liegt der allgemeine Ansatz

$$f(\varrho) = P_0 F(\varrho) \tag{75}$$

nahe, in dem P_0 eine multiplikative Konstante und $F(\varrho)$ die Potenzreihe

$$F(\varrho) = \frac{\varrho^3}{3} + \sum_{n=1}^{N} B_n \frac{\varrho^{3+n}}{3+n} \tag{76}$$

mit beliebigen Konstanten B_n sind.

Das Anlaufen von $F(\varrho)$ mit der dritten Potenz von ϱ ist dabei eine Folge der Voraussetzung (68), welche das stetige Einschalten der Funktion $f(\varrho)$ nur bis zur zweiten Ableitung, aber nicht darüberhinaus verlangt. Der Ansatz (75, 76) ist darum in dem Sinne gerechtfertigt, daß man die Bedingung

$$\lim_{\varrho\to 0} f''(\varrho) \to 2P_0\varrho \tag{77}$$

postuliert. Physikalisch bedeutet sie, daß man die Eigenschaft stetigen Einschaltens nicht über die Beschleunigungsgrößen hinaus erhebt.

4. Die Normierung der Stoßgrößen

Nach (41) sind die Stauchungen (67) so zu normieren, daß die Äquivalenz

$$-\int_0^1 w_{1;\tau}(\xi_1,\tau_k)\,d\xi_1 = \frac{l_1}{c_1}\frac{G_1(0)}{m_1} \tag{78}$$

besteht; dabei bedeutet τ_k die Abkürzung

$$\tau_k = \frac{c_1}{l_1}\,t_k \tag{79}$$

mit t_k als der Kompressionsdauer. Geht man mit dem Ausdruck (67) in das Integral (78) hinein, so bestimmt sich unter Beachtung von (75) die multiplikative Konstante P_0 zu

$$P_0 = -\frac{l_1}{c_1}\frac{G_1(0)}{m_1}\frac{1}{F(\tau_k)}. \tag{80}$$

Hier ist eine Anmerkung notwendig: Zwischen dem Stoß freier Stäbe und dem eines freien mit einem festen Stab besteht hinsichtlich der Verteilung der anfänglichen Bewegungsgröße im System ein grundsätzlicher Unterschied. Im zweiten Stoßfall kann nämlich die Bewegungsgröße nicht so auf die Stäbe verteilt werden, daß ein jeder daran den gleichen Anteil hat. Vielmehr muß hier dem freien ersten Stab die gesamte anfängliche Bewegungsgröße allein gemäß

$$G_1(0) = m_1 v_1(0) > 0\,, \qquad G_2(0) = m_2 v_2(0) = 0 \tag{81}$$

zuerteilt werden. Die Relativbewegung ist also in diesem zweiten Stoßfall nicht mechanisch wie in (9), sondern vielmehr dynamisch wie in (81) zu beurteilen.

Weiter ist in dem hier betrachteten Stoßfall die Form der Kartesischen Impulserhaltung (8) nur in bezug auf den ersten Stab entsprechend

$$G_1(t) + W_1(t) = G_1(0) \tag{82}$$

richtig. Denn hinsichtlich des festen zweiten Stabes ist die Gleichung (3) der Stoßimpulsänderung um die Hinzunahme der Reaktionskraft $Z_2(t)$ von der starren Wand auf die festgehaltene Stabfläche $x_2 = l_2$ zu erweitern und demzufolge in der Weise

$$-\dot{W}_2 = K_{21} - Z_2 \tag{83}$$

anzusetzen.

Der Wert τ_k in (79) ist nach (23) unter Beachtung von (63) und (72) aus der Forderung

$$-w_{1;\xi_1}(0,\tau_k) = P_0 F'(\tau_k) = \text{Max} \tag{84}$$

bzw. aus der dafür notwendigen Bedingung

$$\frac{1}{\tau_k} F''(\tau_k) = 2 + \sum_{n=1}^{N} (2+n)\, B_n \tau_k^n = 0 \tag{85}$$

festzulegen. Nach (84) wie (80) sind damit τ_k wie P_0 bestimmt, wenn die Konstanten B_n es sind.

Man stellt damit fest, daß die bisherigen Stoßansätze das anstehende Problem wegen der Willkürlichkeit der Konstanten B_n $(n = 1, 2, \ldots, N)$ unterbestimmt lassen. Also muß man sich nach weiteren Bedingungen für die B_n umsehen. Im Stoßfall freier Stäbe sind dazu die Wechselseitigkeitsbedingungen (48) für das Stoßende in Verbindung mit der Maximumsforderung (49) für die Stoßzahl in Ansatz zu bringen. In dem hier betrachteten Stoß eines freien gegen einen gleichen festen Stab aber können wir diese Bedingungen auf die Forderung zurückführen, daß beide Stäbe bei Stoßende wieder im Grundzustand vom Stoßanfang sind, der Stoß also vollkommen elastisch verläuft.

5. Die Stoßendbedingungen

Mit t_e als Stoßzeit ist

$$\tau_e = \frac{c_1}{l_1} t_e \tag{86}$$

der dimensionslose Stoßendparameter. Dieser ist nach (24) in Verbindung mit (63) und (72) aus der Bedingung

$$\frac{1}{\tau_e^2} F'(\tau_e) = 1 + \sum_{n=1}^{N} B_n \tau_e^n = 0 \tag{87}$$

zu bestimmen. Zur vollständigen Charakterisierung des Stoßendes postulieren wir das Bestehen der Kompressionsfreiheit der Stäbe

$$\text{a)}\quad w_1(0,\tau_e) - w_1(1,\tau_e) = 0\,, \qquad \text{b)}\quad w_2(0,\tau_e) = 0 \tag{88}$$

und damit den Grundzustand von Stoßanfang.

Wählt man in dem Ansatz (76) die Konstantenbestimmungen

$$B_1 = -\frac{2}{\tau_e}, \qquad B_2 = \frac{1}{\tau_e^2}, \qquad N = 2\,, \tag{89}$$

so erhält man die Darstellung

$$F'(\tau) = \tau^2 \left(1 - \frac{\tau}{\tau_e}\right)^2. \tag{90}$$

Mit ihr ist die Bedingung (87), $F'(\tau_e) = 0$, befriedigt. Aus (90) erschließt man das Maximum (84) für den Wert

$$\tau = \tau_k = \frac{\tau_e}{2}. \tag{91}$$

Aus der Symmetrie der Kurve (90) zum Zeitpunkt τ_k folgen die Symmetriebedingungen

$$F'(\tau_k - \varphi) = F'(\tau_k + \varphi) \quad \text{mit} \quad 0 \leqq \varphi \leqq \tau_k . \tag{92}$$

Integriert man sie nach φ zwischen den Grenzen 0 und τ_k bzw. $\tau_k - \alpha$ und $\tau_k - \beta$, so entstehen daraus die identisch verschwindenden Relationen

$$\begin{aligned} &F(2\tau_k) - 2F(\tau_k) = 0\,, \\ &F(\beta) - F(\alpha) - F(2\tau_k - \beta) + F(2\tau_k - \alpha) = 0\,. \end{aligned} \tag{93}$$

Aus der ersteren folgt in Verbindung mit (90) und (91)

$$F(\tau_e) = 2F(\tau_k) = 2\frac{\tau_e^3}{60}. \tag{94}$$

Geht man mit dem Ausdruck (67a) in die Forderung (88a) hinein, so ergibt sich daraus die Forderung

$$w_1(0, \tau_e) - w_1(1, \tau_e) = P_0\left[F(\tau_e) - 2F(\tau_e - 1) + 2\sum_{k=1}^{\infty}\{F(\tau_e - 2k) - F(\tau_e - 2k - 1)\}\right]. \tag{95}$$

Hier beweist man für die diskreten Zahlenwerte

$$\tau_e = 2m\,, \qquad m = 1, 2, \ldots \tag{96}$$

mit den Relationen (93) das Verschwinden der Volumdehnung (88a) bezüglich des ersten freien Stabes. Mit (96) läßt sich nämlich (95) in die Form

$$\begin{aligned} w_1(0, 2m) - w_1(1, 2m) = P_0\Big[&\{F(2m) - 2F(m)\} + \\ &+ 2\sum_{k=1}^{[m/2]}\{F(2k) - F(2k-1) - F(2m-2k-1) + F(2m-2k)\}\Big] \end{aligned} \tag{97}$$

umordnen, wo $[a]$ die größte natürliche Zahl bedeutet, die höchstens gleich a ist. Hier entstehen die in geschweiften Klammern stehenden Summanden von (97), wenn man in den Relationen (93) $\tau_k = m, \alpha = 2k - 1, \beta = 2k$ setzt. Demzufolge verschwindet der ganze Ausdruck (97).

Fragt man nun nach dem gleichzeitigen Verschwinden der Volumdehnung (88b) des zweiten festen Stabes mit den diskreten Werten (96), also nach der Möglichkeit

$$w_2(0, 2m) = P_0P_2\left[F(2m) + 2\sum_{k=1}^{\infty}(-1)^k F(2m - 2k\lambda_2)\right] = 0, \tag{98}$$

so verlangt diese zunächst einmal das Bestehen der Gleichheit

$$\lambda_2 = \lambda_1 = 1 \quad \text{bzw.} \quad \frac{l_2}{c_2} = \frac{l_1}{c_1}. \tag{99}$$

Sie bedeutet Gleichheit der Stäbe in bezug auf die Durchlaufzeit der Schallwellen in ihnen. Darüberhinaus aber hat man die natürlichen Zahlen m in (96) auf die geradzahligen

$$m = 2n\,, \qquad n = 1, 2, \ldots \tag{100}$$

einzuschränken.

Erst unter den Bedingungen (99) und (100) zusammen läßt sich nämlich (98) in die (97) analoge Form

$$w_2(0, 4n) = P_0P_2\left[\{F(4n) - 2F(2n)\} + 2\sum_{k=1}^{[n/2]}\{F(4k) - F(4k-2) - F(4n-4k+2) + F(4n-4k)\}\right] \tag{101}$$

umordnen. Dann entstehen auch hier die in den geschweiften Klammern stehenden Summanden von (101), wenn man in den Relationen (93) $\tau_k = 2n, \alpha = 4k - 2, \beta = 4k$ setzt. Also verschwindet dann gleichfalls der ganze Ausdruck (101). Damit ist für die diskreten Werte

$$\tau_e = 4n\,, \qquad n = 1, 2, \ldots \tag{102}$$

in der Tat das gleichzeitige Verschwinden der Volumdehnungen (88a, b) von beiden Stäben gewährleistet. Nun sollte aber der wirkliche Stoßzeitwert der unterst mögliche mit $n = 1$ sein und damit die Stoßzeit

$$\tau_e = 4 \tag{103}$$

betragen. Was diese Stoßzeit (103) mit der Konsequenz der Spannungsfreiheit der Stäbe zu diesem Augenblick anbelangt, so wird dieses durch spannungsoptische Druckmessungen von SCHWIEGER [6] an Glasstäben experimentell vollauf bestätigt.

Mit dem Stoßzeitwert (103) bestimmen sich die Konstanten B_n nach (89) zahlenmäßig zu

$$B_1 = -\tfrac{1}{2}\,, \qquad B_2 = \tfrac{1}{16}\,, \qquad N = 2\,, \tag{104}$$

so daß nach (76) die Funktion $F(\varrho)$ zu

$$F(\varrho) = \varrho^3\left(\frac{1}{3} - \frac{\varrho}{8} + \frac{\varrho^2}{80}\right) \tag{105}$$

festgelegt wird. In Verbindung mit (94) und (103) ergibt sich aus (80) der Normierungsfaktor der Stauchungsgrößen zu

$$P_0 = -\frac{l_1}{c_1}\, v_1(0)\, \frac{15}{16}, \tag{106}$$

wenn man dabei die Festsetzung (81) beachtet. Damit ist alles festgelegt, um die in diesem Stoßfall bewirkten Stoßgrößen numerisch angeben zu können.

6. Die Darstellung der Stoßgrößen

Mit der Kenntnis des Normierungsfaktors (106) und der Funktion $F(\varrho)$ nach (105) kann nunmehr die Darstellung der Stoßgrößen im Stoßfall eines freien gegen einen gleichen festen Stab gegeben werden.

a) Die resultierenden Stoßgrößen

Für die Stoßkräfte erhält man in ihrer Zeitabhängigkeit aus (63) unter Beachtung von (72) die Darstellungen

$$K_{ij}(\tau) = (-1)^i \frac{c_1}{l_1}\, G_1(0)\, \frac{F'(\tau)}{F(\tau_k)} = (-1)^i \frac{c_1}{l_1}\, G_1(0) \left[\frac{15}{16}\,\tau^2 \left(1 - \frac{\tau}{4}\right)^2\right]. \tag{107}$$

Im Gegensatz zu diesen glockenförmigen Stoßkraftkurven ergeben die NEUMANNschen Stoßansätze die Stoßkraftbestimmungen

$$K_{ij}(\tau) = (-1)^i \frac{c_1}{l_1}\, G_1(0) \left[\frac{1}{2}\right] \quad \text{für} \quad 0 \leqq \tau \leqq 4\,.$$

Hiernach müßte die Kraft auf die Stoßflächen zu Stoßbeginn unstetig mit diesem endlichen Wert einsetzen und ihn über die ganze Stoßzeit hin beibehalten. Folglich müßten die Stoßflächen während der Stoßzeit unbeschleunigt sein.

Mit (107) bestimmt sich die Zeitabhängigkeit des Stoßimpulses vom freien ersten Stab nach (5) zu

$$W_1(\tau) = G_1(0)\, \frac{F(\tau)}{F(\tau_k)} = G_1(0) \left[2\left(\frac{\tau}{4}\right)^3 \left\{1 + 3\left(1 - \frac{\tau}{4}\right)\left(3 - \frac{\tau}{2}\right)\right\}\right]. \tag{108}$$

Das ergibt die in der Figur 1 gezeichnete Kurve. Sie zeigt monotones Wachsen vom Wert $W_1(0) = 0$ über den Wert $W_1(2) = G_1(0)$ auf den Endwert $W_1(4) = 2G_1(0)$.

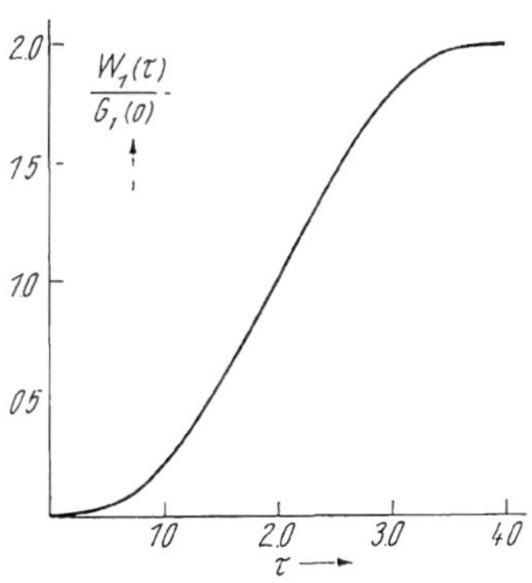

Figur 1. Der Stoßimpuls auf den freien ersten Stab

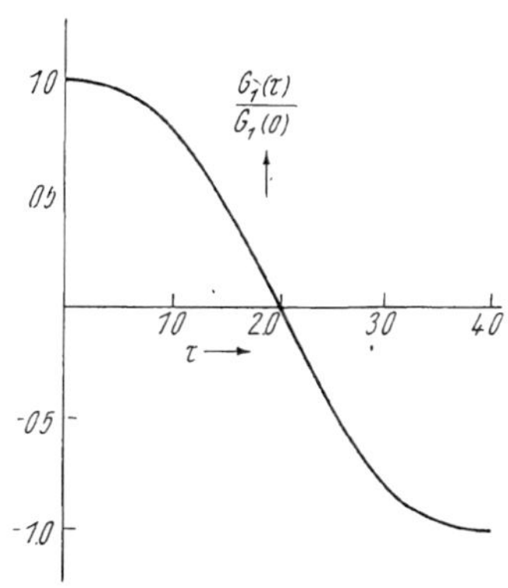

Figur 2. Die Bewegungsgröße vom freien ersten Stab

Mit (108) wieder erhält man über die Kartesische Impulserhaltung (8) bzw. (82) die Bewegungsgröße vom freien ersten Stab in ihrer Zeitabhängigkeit zu

$$G_1(\tau) = G_1(0) \left\{1 - \frac{F(\tau)}{F(\tau_k)}\right\} = G_1(0) \left[\left(1 - \frac{\tau}{2}\right)\left\{1 + \frac{\tau}{2}\left(1 - \frac{\tau}{4}\right)\left(1 + \frac{3}{4}\tau + \frac{3}{16}\tau^2\right)\right\}\right]. \tag{109}$$

Das ergibt die in Figur 2 dargestellte Kurve. Sie zeigt in der Kompressionsphase $0 < \tau < 2$ ein monotones Abnehmen vom anfänglichen Wert $G_1(0)$ bis auf den Wert $G_1(2) = 0$ und in der Restitutionsphase $2 < \tau < 4$ ein stetiges Anwachsen mit entgegengesetzter Größe bis auf den Endwert $G_1(4) = -G_1(0)$, so daß der freie Stab bei Stoßende die anfängliche Bewegungsgröße in entgegengesetzter Richtung hat.

Mit der Festlegung (108) erhält man nach (27) als Wert für die Stoßzahl

$$R = \frac{F(\tau_e)}{F(\tau_k)} - 1 = 2 - 1 = 1 \tag{110}$$

und damit die des vollkommen elastischen Stoßes (30).

Aus (83) ergibt sich in Verbindung mit (67b) die Zeitabhängigkeit der Reaktionskraft Z_2 zu

$$Z_2(\tau) = E_2 F_2 w_{2;x_2}(l_2, t) = \frac{c_1}{l_1}\, G_1(0)\, \frac{15}{8}\, \{F'(\tau - 1) + F'(\tau - 3)\}\,. \tag{111}$$

Hieran zeigt sich, daß die Reaktionskraft an der starren Wand erst nach der Durchlaufzeit der Schallwellen durch den zweiten festen Stab auftritt. In Verbindung mit (107) und (111) erhält man aus (83) für den Stoßimpuls auf den festen zweiten Stab die Darstellung

$$W_2(\tau) = -G_1(0)\,\tfrac{16}{16}\,\{F(\tau) - 2F(\tau - 1) - 2F(\tau - 3)\}\,. \tag{112}$$

Das ergibt die in der Figur 3 gezeichnete Kurve. Bis zum Zeitpunkt $\tau = 1$ gilt wie im Stoßfall freier Stäbe die Wechselseitigkeitsbedingung (6). Erst von $\tau = 1$ an beginnt sich der Stoßimpuls von der starren Wand auf den zweiten festen Stab auszuwirken. Das bedingt die Umkehr der Stoßimpulskurve und ihr Anwachsen auf den Endwert $W_2(4) = 2G_1(0)$.

Damit sind alle resultierenden Stoßgrößen in ihrer Zeitabhängigkeit dargestellt.

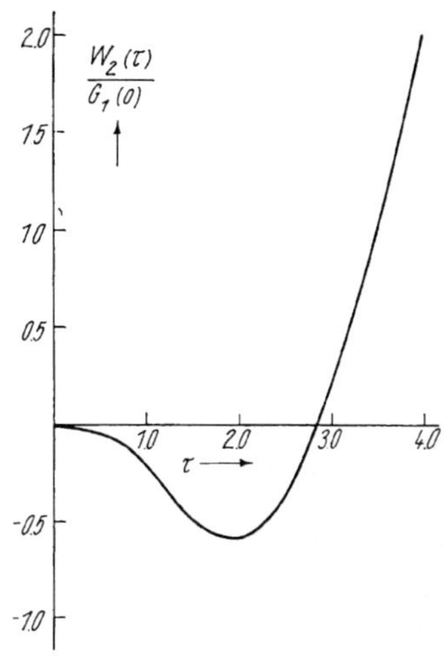

Figur 3. Der Stoßimpuls auf den festen zweiten Stab

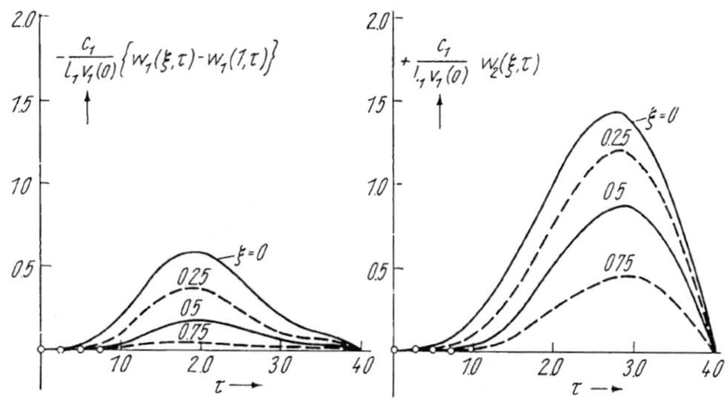

Figur 4. Die Kompressionsverschiebungen der Querschnittsflächen $\xi = 0, 0.25, 0.5, 0.75$ vom freien ersten und festen zweiten Stab

b) Die feldabhängigen Stoßgrößen

Statt einer aus (67a, b) leicht ableitbaren formelmäßigen Angabe sollen von den feldabhängigen Stoßgrößen lediglich graphische Darstellungen angegeben werden.

In Figur 4 sind von den Flächen

$$\xi = 0,\ 0.25,\ 0.5,\ 0.75,\ 1 \tag{113}$$

die Kompressionsverschiebungen im freien ersten Stab

$$-\frac{c_1}{l_1 v_1(0)}\{w_1(\xi,\tau) - w_1(1,\tau)\}$$

den entsprechenden im zweiten festen Stab

$$\frac{c_1}{l_1 v_1(0)}\,w_2(\xi,\tau)$$

in Abhängigkeit vom Zeitparameter τ gegenübergestellt. Sie zeigen den erwarteten Verlauf mit zunächst monotonem Anstieg bis zu einem gewissen maximalen Wert und dann monotonen Abfall bis zum Endwert Null bei Stoßende. Zu bemerken ist, daß die Kompressionsbeanspruchung des freien ersten Stabes auf Grund der Aufteilung des Gesamtimpulses auf die Bewegungsgröße und den Stoßimpuls wesentlich kleiner als die des festen zweiten Stabes ist, bei dem der Gesamtimpuls mit dem Stoßimpuls identisch ist.

In Figur 5 sind der auf die Flächen (113) lastende Druck im freien und festen Stab mit der Ordinate

$$\frac{\sigma_i(\xi,\tau)}{\varrho_1 c_1 v_1(0)}$$

in Abhängigkeit vom Zeitparameter τ dargestellt. Dabei kennzeichnen die Kurven $\xi = 0$ den Stoßkraftverlauf an den Stoßflächen. Die Kurve $\sigma_2(1,\tau)$ entspricht der von der starren Wand auf den zweiten Stab ausgeübten Reaktionskraft (111) in ihrer Zeitabhängigkeit. Zufolge der Spannungsverdopplung an der festgehaltenen Fläche $\xi_2 = 1$ übersteigt ihr maximaler Wert den von der Stoßfläche um das Doppelte. Die Druckkurven $\sigma_2(\xi,\tau)$ zeigen den von SCHWIEGER spannungsoptisch aufgenommenen zeitlichen Verlauf.

In Figur 6 sind die Stauchungsgeschwindigkeiten für die Flächen (113) mit der Ordinate

$$\frac{(-1)^i}{v_1(0)}\,w_{i;t}(\xi,\tau)$$

in Abhängigkeit vom Zeitparameter τ gezeichnet. Die Teilchengeschwindigkeiten erfahren hiernach in Übereinstimmung mit den Beobachtungen von SCHWIEGER keine unstetigen Änderungen, wie das nach NEUMANN der Fall sein sollte, sondern wachsen stetig vom Ruhezustand aus an.

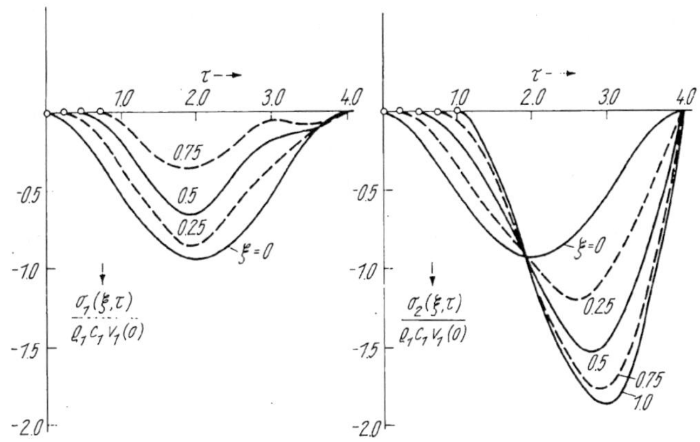

Figur 5. Die Druckspannungen an den Querschnittsflächen ξ = 0, 0.25, 0.5 0.75, 1 vom freien ersten und festen zweiten Stab

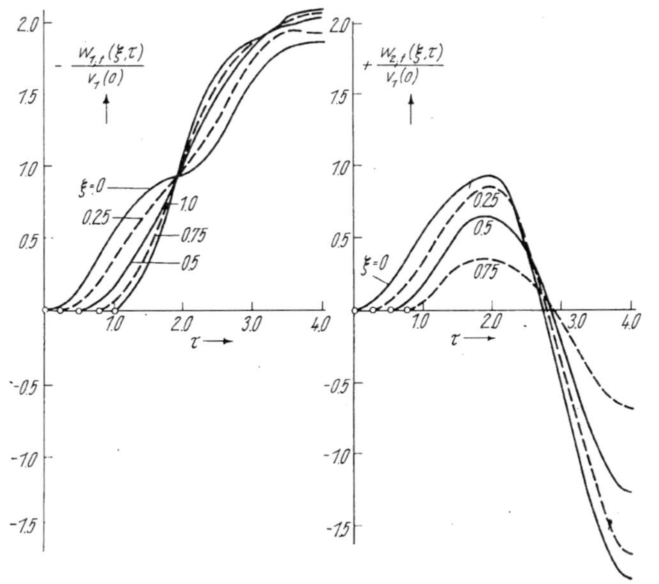

Figur 6. Die Stauchungsgeschwindigkeiten der Querschnittsflächen ξ = 0, 0.25, 0.5, 0.75, 1 vom freien ersten und festen zweiten Stab

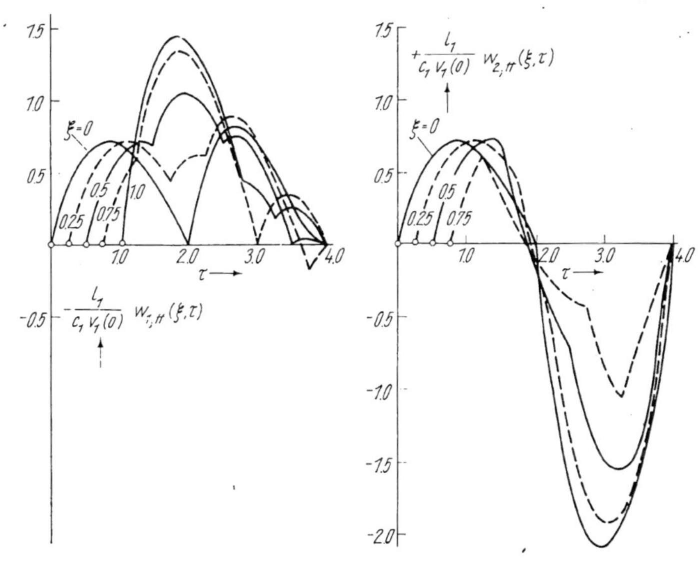

Figur 7. Die Stauchungsbeschleunigungen der Querschnittsflächen ξ = 0, 0.25, 0.5, 0.75, 1 vom freien ersten und festen zweiten Stab

In Figur 7 sind die Stauchungsbeschleunigungen bzw. Verzerrungen für die Flächen (113) mit der Ordinate

$$\frac{(-1)^i l_1}{c_1 v_1(0)} w_{i;\tau\tau}(\xi, \tau)$$

in Abhängigkeit vom Zeitparameter τ aufgetragen. Ihnen entnimmt man, daß bei Stoßende die Beschleunigungen jeder Querschnittsfläche wieder Null sind. Die Knicke in den Beschleunigungskurven haben ihren Grund darin, daß entsprechend des Ansatzes für $F(\varrho)$ nach (76) bzw. (105) $F'''(\varrho)$ für $\varrho = 0$ eine unstetige Funktion ist.

Zusammenfassend stellt man damit fest: Während sich die resultierenden Stoßgrößen bis auf die Reaktionskraft $Z_2(t)$ vom Berührungszeitpunkt $t = 0$ an stetig zu ändern beginnen, tun das die Feldgrößen wie auch die Reaktionskraft $Z_2(t)$ erst von den lagenabhängigen Zeiten

$$\tau = \xi > 0 \quad \text{bzw.} \quad t = \frac{x_i}{l_i},$$

also erst von einer Zeit an, zu der die Stauchungsfront die betreffende Querschnittsfläche x_i in den Stäben erreicht. Damit ist der Stetigkeit aller Stoßgrößen Rechnung getragen, eine Notwendigkeit, der bisher noch keine Stoßtheorie zu genügen vermochte. Zum Schluß dieser Arbeit soll das nicht unerwähnt bleiben.

Die grundsätzlichen Betrachtungen zum Körperstoßproblem gründen sich auf Erwägungen, wie sie Kant. in seinen „Metaphysischen Anfangsgründen der Naturwissenschaft" angestellt hat. Es kann hier aber nicht der Ort sein, solchen Nachweis anzutreten.

Literatur

1 Szabó, I., Einführung in die technische Mechanik, Springer-Verlag 1956, S. 318.
2 de Saint Venant, B., Comptes rendus 95 (1882), S. 359 u. S. 423.
3 Neumann, F., Vorlesungen über die Theorie der Elastizität, Leipzig 1885, S. 332 ff.
4 Winkelmann, Handb. d. Physik Bd. I.1 (1908), S. 767 ff.
5 Geiger u. Scheel, Handb. d. Physik Bd. IV (1928), S. 526 ff.
6 Schwieger, H., Ann. Physik 16 (1955), S. 119 ff.

Eingereicht am 16. 7. 1975, revidierte Fassung am 21. 4. 1976

Anschrift: Dr. R. Frischbier, Sektion Physik der Martin-Luther-Universität, DDR-402 Halle (Saale), Friedemann-Bach-Platz 6, DDR

ZAMM 57, 643 – 649 (1977)

R. A. IBRAHIM / J. W. ROBERTS

Stochastic Stability of the Stationary Response of a System with Autoparametric Coupling

Die Arbeit bezieht sich auf die Resonanz eines Schwingungssystems mit zwei Freiheitsgraden und mit nichtlinearer Kopplung der Art, die man als autoparametrisch bezeichnet, unter der Wirkung breitbandiger stochastischer Erregung. In dem besonderen hier in Betracht gezogenen Fall erregt eine breitbandige Zufallskraft ein Grundschwingungssystem, dessen Reantwort als eine zufallsparametrische Belastung des gekoppelten Systems mit einer resultierenden nichtlinearen Rückwirkung auf das Grundsystem auswirkt. Für einen solchen Fall haben frühere Untersuchungen gezeigt, daß eine große quasi-stationäre Reantwort des gekoppelten Systems vorkommen kann, wenn eine innere Resonanz vorliegt. Anderenfalls erhält man eine stationäre unimodale Reantwort des Grundschwingungssystems. In der vorliegenden Arbeit wird die Stabilität im Mittel der stationären Reantwort für eine Reihe von Systemparametern untersucht, und zwar mit Hilfe eines Verfahrens, das auf der Markow-Vektor-Methode basiert, zusammen mit einer genäherten Behandlung der statistischen Momente von dritter und höherer Ordnung. Die Stabilitätsgrenzen werden durch numerische Auswertung der Eigenwerte einer Matrix vierzehnter Ordnung ermittelt, die über die Gleichungen für die dynamischen Momente hergeleitet wird; diese Grenzen zeigen die bedeutende Wirkung der Verstimmung gegenüber innerer Resonanz. Die Ergebnisse zeigen weiter, daß über einen gewissen Wert hinaus eine Zunahme des Dämpfungsverhältnisses des Grundsystems destabilisierend wirkt.

The paper relates to the response of a two degree of freedom vibratory system with non-linear coupling of the type referred to as autoparametric, under the action of broadband stochastic excitation. In the particular arrangement considered, a broadband random force excites a primary vibratory system whose response acts as a random parametric loading of the coupled system with a consequent non-linear reaction on the primary system. For such an arrangement earlier work has shown that large quasi-stationary response of the coupled system may occur when the condition of internal resonance is realised. Otherwise stationary unimodal response of the primary system is obtained. In the present paper, the stability in the mean of the stationary response is investigated for a range of system parameters using a method based upon the Markov vector approach together with an approximate treatment of third and higher order statistical moments. The stability boundaries are determined from a numerical evaluation of the eigenvalues of a fourteenth order matrix derived from the dynamic moment equations and show the significant effect of the internal resonance detuning parameter. A further feature of the results is that beyond a certain value, increase of the primary system damping ratio appears to have a destabilising effect.

В настоящей работе рассматривается реакция некоторой колебательной системы с двумя степенями свободы и с нелинейной связью вида, обычно называемого автопараметрическим, на воздействие некоторого широкополосного стохастического возбуждения. Для некоторого специального, рассматриваемого здесь случая, широкополосная случайная сила возбуждает основную колебательную систему, реакция которой действует с некоторым вытекающим отсюда нелинейным воздействием на основную систему в качестве некоторого случайного параметрического нагружения связанной системы. В более раннем исследовании для этого случая было показано, что может иметь место большая квазистационарная реакция на связанную систему при условии, что выполнено условие внутреннего резонанса. В противном случае получается стационарная реакция некоторого, единственного в своём роде, колебательного типа.

В данной работе исследуется устойчивость стационарной реакции в смысле среднего значения для некоторого ряда параметров системы. Это исследование проводится с помощью некоторого метода, основывающегося на векторном методе Маркова совместно с приближённым рассмотрением статистических моментов третьего и более высоких порядков. Границы устойчивости устанавливаются с помощью оценки собственных чисел некоторой матрицы четырнадцатого порядка, которые выводятся для уравнений в случае динамического момента и которые указывают на существенное влияние параметра рассогласования внутреннего резонанса. Дальнейшие результаты показывают, что увеличение затухания основной системы начиная с некоторого значения оказывает дестабилизирующее воздействие.

Introduction

The stochastic stability of linear systems has been studied by many authors. One such class of problem closely related to the present study is the stability of linear systems with stochastically varying co-efficients. The stability modes of these systems have been reviewed by KOZIN [1]. The study of stochastic stability in terms of statistical parameters has been analysed by three wellknown methods. These are (1) the FOKKER-PLANCK equation or MARKOV Vector approach [2], (2) the averaging method [3, 4] and (3) the LIAPUNOV second method [5]. The inclusion of nonlinear effects in the equations of motion causes some difficulty in determining response or stability. However, a few cases of nonlinear systems subjected to random parametric excitation have been analysed [6, 7, 8]. SCHMIDT [9] has recently used the method of integrodifferential equations for narrow band random parametric excitation, and the method of FOKKER-PLANCK for wide band excitation.

The application of the FOKKER-PLANCK method to systems subjected to a filtered white parametric excitation has shown that the dynamic moment equations of any order are coupled through moments of higher and lower order. This problem was first discussed by BOGDANOFF and KOZIN [10] who found difficulty in determining the mean square stability. In a similar study [11], BOLOTIN overcame this difficulty by introducing an assumption that the responses did not depart significantly from Gaussian form, and used the well-known identities to express higher order moments in terms of first and second moments. This assumption led to a truncated set of moment equations from which approximate conditions for second moment stability could be determined. For a similar situation WEDIG [12, 13, 14] followed a further approach based on a perturbation technique. The resulting moment equations of WEDIG's problem are weakly coupled with higher order moment terms such that eigen frequencies and eigenvectors may be expanded in a power series of a small perturbation parameter. WEDIG obtained approximate expressions for the critical variance of the parametric excitation which defines the limit of the instability regions. For the case of narrow band parametric excitation both BOLOTIN and WEDIG showed two instability regions, the principal region occuring when the centre frequency of the excitation is close to twice the system natural frequency, and a secondary region with the centre frequency close to the system natural frequency.

Related problems exist in multi-degree of freedom systems. Nonlinear coupling of the autoparametric type may occur in which the forced response of one element of the system acts as a parametric loading for a coupled element. CRANDALL [15] and NEWLAND [16] studied the energy transfer within a nonlinear two degree of freedom system under random excitation. NEWLAND [16] found that the rate of energy transfer increases for modes whose natural frequencies satisfy internal resonance conditions.

The present paper is an extension of previous work on a certain two degree of freedom system with autoparametric coupling. The system consists of a cantilever beam attached to a primary vibratory system in such a way that response of the primary system causes axial motion of the cantilever and therefore acts as a parametric term in its equation of transverse motion (Figure 1). This system is a common arrangement in structures and

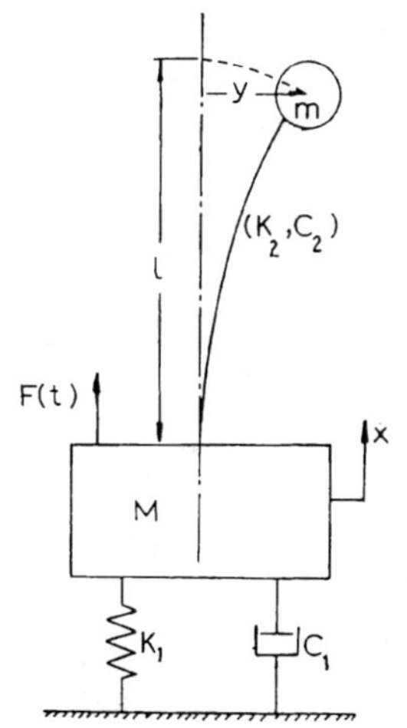

Fig. 1. Schematic Diagram of the System

machines representing for example a fuselage-tailplane coupling in aircraft structures. It has been referred to as the Autoparametric Vibration Absorber and its deterministic response has been studied by HAXTON and BARR [17]. In the case of broadband random excitation of the main system, IBRAHIM and ROBERTS [18] investigated the response using a method based upon the MARKOV vector approach together with an approximate treatment of third and higher statistical moments. By making an assumption that for small nonlinear coupling the responses do not depart significantly from Gaussian form, such that third and higher moments could be expressed in terms of first and second moments, a set of fourteen coupled first order dynamic moment equations were derived. The system mean square responses were obtained by a numerical integration of these equations over a suitably long period.

The results showed that two distinct types of response were possible. For system conditions remote from internal resonance, a stationary unimodal response was obtained with no energy transfer to the coupled system. When the cantilever transverse natural frequency was arranged to be in the vicinity of one half the main system frequency so that the principal internal resonance condition was realised, large quasi-stationary response of the cantilever was obtained with a corresponding absorber action on the main system. In the present paper, an alternative procedure is followed to determine the boundaries between regions corresponding to these types of response for a range of system and excitation parameters. The MARKOV vector approach is used to determine the stability in the mean of the stationary unimodal response. By applying the Gaussian assumption to the moment equations and linearizing in the neighbourhood of the stationary unimodal solution, the stability regions of the latter solution are obtained by computing the eigenvalues of a fourteenth order matrix.

System Equations

Figure 1 shows the two-degree-of-freedom-system considered. The primary vibratory system is represented by the discrete elements, K_1, and C_1 and M and is excited by the random force $F(t)$. The cantilever, also represented as a single degree of freedom system is coupled to the main mass M such that response of M imposes an axial motion on the cantilever. The system equations of motion are [18]

$$(M + m)\,\ddot{x} + C_1\dot{x} + K_1x - \left(\frac{6}{5l}\right) m\,(\dot{y}^2 + y\ddot{y}) = F(t) \tag{1}$$

for the mass M and

$$m\ddot{y} + C_2\dot{y} + \left[K_2 - \left(\frac{6}{5l}\right) m\ddot{x}\right] y + \left(\frac{36}{25l^2}\right) my(\dot{y}^2 + y\ddot{y}) = 0 \tag{2}$$

for the cantilever.

It is convenient to write (1) and (2) in non-dimensional form. Accordingly, the following substitutions are made:

$$\begin{aligned} X &= x/x_0; & Y &= y/x_0; & \tau &= \omega_1 t; \\ R &= m/(M+m); & r &= \omega_2/\omega_1; & \varepsilon &= 6x_0/5l; \\ \zeta_1 &= C_1/2(M+m)\,\omega_1; & \zeta_2 &= C_2/2m\omega_2; & \mu &= 1 - R\,, \end{aligned} \tag{3}$$

where

$$\omega_1^2 = K_1/(M+m); \qquad \omega_2^2 = K_2/m$$

and x_0 is some convenient reference displacement of the main system. The equations (1) and (2) then take the forms

$$X'' + 2\zeta_1 X' + X - \varepsilon R(Y'^2 + YY'') = W(\tau)\,, \tag{4}$$

$$Y'' + 2\zeta_2 rY' + (r^2 - \varepsilon X'')\,Y + \varepsilon^2(Y'^2 + YY'')\,Y = 0\,, \tag{5}$$

where the prime denotes differentiation with respect to τ and

$$W(\tau) = \frac{F(\tau/\omega_1)}{(M+m)\,\omega_1^2 x_0}. \tag{6}$$

It is assumed that $F(t)$ in (1) is a zero mean stationary Gaussian process having a smooth spectral density S_0 up to some upper frequency limit ω_0, where $\omega_0 \gg \omega_1$, such that

$$E\{F^2(t)\} = 2S_0\omega_0\,. \tag{7}$$

Then from (6) $W(\tau)$ may be regarded as a Gaussian white noise process having autocorrelation function in the form

$$R(u) = E\{W(\tau)\,W(\tau+u)\} = 2D\delta(u)\,, \tag{8}$$

where $\delta(\cdot)$ is the DIRAC function and the spectral density constant D is given by

$$D = \frac{\pi S_0}{(M+m)^2\omega_1^3 x_0^2}. \tag{9}$$

ε represents a small parameter associated with the nonlinear coupling of the equations and the form of the autoparametric interaction between the coupled systems is clear from (4) and (5). In equation (5) the X motion appears as a parametric excitation of the cantilever motion while the fourth term on the left hand side in (4) is the nonlinear reaction of the cantilever motion on the primary system.

The reference displacement x_0 may be chosen with advantage to be the root mean square displacement of the primary system in the absence of motion of the coupled system. With $y(t) \equiv 0$ in (1) one obtains

$$x_0 = [E\{x^2(t)\}]^{1/2} = \frac{1}{(M+m)}\left[\frac{\pi S_0}{2\zeta_1\omega_1^3}\right]. \tag{10}$$

Using (10) in (9) one then has

$$D = 2\zeta_1 \tag{11}$$

while the coupling parameter ε becomes

$$\varepsilon = \frac{6x_0}{5l} = \frac{6}{5l(M+m)}\,\frac{\pi S_0}{2\zeta_1\omega_1}. \tag{12}$$

In this way, the normalised force $W(\tau)$ in (4) is seen to be independent of the excitation level. On the other hand, the small coupling parameter ε depends on the excitation spectral density S_0 together with the system parameters.

Markov Vector Approach

For the case of stochastic systems represented by equations of the type

$$Y_i' = f\{Y_1, Y_2, \ldots Y_n, W_1(\tau) \ldots W_k(\tau)\}\,, \tag{13}$$

where $f\{\ \}$ may be a nonlinear function and the $W_i(\tau)$ are white noise processes, it is well known that the state vector is a MARKOV process and the FOKKER-PLANCK equation is valid [2]. The system equations (4) and (5) do not immediately conform to (13) because of the nonlinear acceleration terms. However, by a process of repeated substitution, the system equations may be written in the form (13) to any order of the parameter ε. Carrying out this process to order ε^2 one obtains the equations in state vector form with $X_1 \equiv X$ and $X_2 \equiv Y$:

$$\begin{aligned} X_1' &= X_3\,, \\ X_2' &= X_4\,, \\ X_3' &= -2\zeta_1 X_3 - X_1 + W(\tau) + \varepsilon R[X_4^2 - 2r\zeta_2 X_2 X_4 - r^2 X_2] + \varepsilon^2 R[W(\tau)\,X_2^2 - 2\zeta_1 X_2^2 X_3 - X_1 X_2^2]\,, \\ X_4' &= -2\zeta_2 r X_4 - r^2 X_2 + \varepsilon[W(\tau)\,X_2 - X_1 X_2 - 2\zeta_1 X_2 X_3] + \varepsilon^2\mu[2\zeta_2 r X_2^2 X_4 + r^2 X_2^3 - X_2 X_4^2]\,. \end{aligned} \tag{14}$$

The non-stationary FOKKER-PLANCK equation may be applied for the MARKOV vector $\boldsymbol{X} = [X_1, \ldots, X_4]$ in the form

$$\frac{\partial}{\partial\tau} p(\boldsymbol{X}, \tau) = -\sum_{i=1}^{4} \frac{\partial}{\partial X_i}[\alpha_i(\boldsymbol{X}, \tau)\,p(\boldsymbol{X}, \tau)] + \frac{1}{2}\sum_{i=1}^{4}\sum_{j=1}^{4} \frac{\partial^2}{\partial X_i\,\partial X_j}[b_{ij}(\boldsymbol{X}, \tau)\,p(\boldsymbol{X}, \tau)]\,, \tag{15}$$

where $p(\boldsymbol{X}, \tau)$ is the joint density function, and $a_i(\boldsymbol{X}, \tau)$ and $b_{ij}(\boldsymbol{X}, \tau)$ are the first and second incremental moments of the MARKOV process $\boldsymbol{X}(\tau)$. These are evaluated for the system equations (14) as follows:

$$\begin{aligned}
a_1 &= X_3 , \\
a_2 &= X_4 , \\
a_3 &= -2\zeta_1 X_3 - X_1 + \varepsilon R X_4^2 - 2\varepsilon\zeta_2 R + X_2 X_4 - \varepsilon R r^2 X_2^2 - 2\varepsilon^2\zeta_1 R X_2^2 X_3 - \varepsilon^2 R X_1 X_2^2 , \\
a_4 &= -2\zeta_2 r X_4 - r^2 X_2 - 2\varepsilon\zeta_1 X_2 X_3 - \varepsilon X_1 X_2 + 2\tau^2\mu\zeta_2 r X_2^2 X_4 + \varepsilon^2\mu r^2 X_2^3 - \varepsilon^2\mu X_2 X_4^2 . \\
b_{11} &= b_{12} = b_{13} = b_{14} = 0 , \\
b_{21} &= b_{23} = b_{24} = 0 , \\
b_{31} &= b_{32} = b_{41} = b_{42} = 0 , \\
b_{34} &= b_{43} = 2\varepsilon D X_2 - 2\varepsilon^3 R D X_2^3 , \\
b_{44} &= 2\varepsilon^2 D X_2^2 .
\end{aligned} \tag{16}$$

Now introducing the following notation for the Nth order moments of the system responses:

$$m_{klmn}(\tau) = E[X_1^k X_2^l X_3^m X_4^n] = \int_{-\infty}^{\infty}\int_{-\infty}^{\infty}\int_{-\infty}^{\infty}\int_{-\infty}^{\infty} X_1^k X_2^l X_3^m X_4^n p(\boldsymbol{X}, \tau)\, dX_1 \ldots dX_4 , \tag{17}$$

with

$$N = k + l + m + n , \tag{18}$$

a set of dynamic moment equations of any order may be derived by multiplying equation (15) by $(X_1^k X_2^l X_3^m X_4^n)$ and integrating by parts over the entire state space, $-\infty < X_i < \infty$. Carrying out this procedure leads to the following equations for the first and second moments of the system displacements and velocities:

For the first moments:

$$\begin{aligned}
m'_{1000} &= m_{0010} , \\
m'_{0100} &= m_{0001} , \\
m'_{0010} &= -2\zeta_1 m_{0010} - m_{1000} + \varepsilon R(m_{0002} - 2\zeta_2 r_2 m_{0101} - r^2 m_{0200}) - \varepsilon^2 R(m_{1200} + 2\zeta_1 m_{0210}) \\
m'_{0001} &= -2\zeta_2 r m_{0001} - r^2 m_{0100} - \varepsilon(m_{1100} + 2\zeta_2 m_{0110}) + \varepsilon^2\mu(2\zeta_2 r m_{0201} + r^2 m_{0300} - m_{0102}) .
\end{aligned} \tag{19}$$

For the second moments:

$$\begin{aligned}
m'_{2000} &= 2m_{1010} , \qquad m'_{0200} = 2m_{0101} , \\
m'_{0020} &= -4\zeta_1 m_{0020} - 2m_{1010} + 2D + 2\varepsilon R(m_{0012}) - 2\zeta_2 r m_{0111} - r^2 m_{0210}) - 2\varepsilon^2 R(2\zeta_1 m_{0220} + m_{1210} - 2D m_{0200}) , \\
m'_{0002} &= -4\zeta_2 r m_{0002} - 2r^2 m_{0101} - 2\varepsilon(2\zeta_1 m_{0111} + m_{1101}) + 2\varepsilon^2(D m_{0200} + 2\mu\zeta_2 r m_{0202} + \mu r^2 m_{0301} - \mu m_{0103}) , \\
m'_{1100} &= m_{0110} + m_{1001} , \\
m'_{1010} &= m_{0020} - 2\zeta_1 m_{1010} - m_{2000} + \varepsilon R(m_{1002} - 2\zeta_2 r m_{1101} - r^2 m_{1200}) - \varepsilon^2 R(2\zeta_1 m_{1210} + m_{2200}) , \\
m'_{1001} &= m_{0011} - 2\zeta_2 r m_{1001} - r^2 m_{1100} - \varepsilon(2\zeta_1 m_{1110} + m_{2100}) + \varepsilon^2\mu(2\zeta_2 r m_{120} + r^2 m_{1300} - m_{1102}) , \\
m'_{0110} &= m_{0011} - 2\zeta_1 m_{0110} - m_{1100} + \varepsilon R(m_{0102} - 2\zeta_2 r m_{0201} - r^2 m_{0300}) - \varepsilon^2 R(2\zeta_1 m_{0310} + m_{1300}) , \\
m'_{0101} &= m_{0002} - 2\zeta_2 r m_{0101} - r^2 m_{0200} - \varepsilon(2\zeta_1 m_{0210} + m_{1200}) + \varepsilon^2\mu(2\zeta_2 r m_{0301} + r^2 m_{0400} - m_{0202}) , \\
m'_{0011} &= -2(\zeta_1 + \zeta_2 r)\, m_{0011} - m_{1001} - r^2 m_{0110} + \varepsilon(2D m_{0100} + R m_{0003} - m_{1110} - 2\zeta_2 R r m_{0102} - 2\zeta_1 m_{0120} - R r^2 m_{0201}) + \\
&\quad + \varepsilon^2[2(\mu\zeta_2 r - \zeta_1 R)\, m_{0211} - R m_{1201} + \mu r^2 m_{0310} - \mu m_{0112}] .
\end{aligned} \tag{20}$$

Inspection of the moment equations (19) and (20) shows that these are coupled through first, second and third moment terms in ε and ε^2 and further, the second order moment equations involve third and fourth moment terms in ε and ε^2 respectively. Coupling of this type has been found to occur in the case of linear systems excited parametrically by filtered white noise [10]. Recently BOLOTIN [11] investigated the stability of a second order system in such a case by assuming that the responses were adequately represented as Gaussian so that third and higher moments could be expressed in terms of first and second moments and the cumulants of third and higher order were assumed negligibly small. This scheme or approximation was applied independently by these authors [18] to determine the behaviour of the response moments of the present system by a numerical integration procedure. The approximate treatment of third and higher moments has no rigorous basis, but is considered reasonable for small values of coupling parameter ε.

Stability of the Stationary Unimodal Response

It is found by inspection that the following stationary solution satisfies the set of moment equations (19) and (20):

$$m_{2000} \equiv E[X^2] = D/2\zeta_1 = 1 , \qquad m_{0020} \equiv E[X'^2] = D/2\zeta_1 = 1 \tag{21}$$

(All other moments zero).

This solution represents unimodal response of the system with zero transverse motion of the cantilever. For small variations of the system response moments in the neighbourhood of this solution, we assume following [18] that the response processes are well represented as Gaussian, and introduce the following expressions for third and fourth order moments into (19) and (20):

$$E[X_i X_j X_k] = E[X_i]\, E[X_j X_k] + E[X_j]\, E[X_i X_k] + E[X_k]\, E[X_i X_j] - 2E[X_i]\, E[X_j]\, E[X_k] , \tag{22}$$

$$E[X_i X_j X_k X_l] = E[X_i X_j]\, E[X_k X_l] + E[X_i X_k]\, E[X_j X_l] + E[X_i X_l]\, E[X_j X_k] - 2E[X_i]\, E[X_j]\, E[X_k]\, E[X_l] . \tag{23}$$

We then introduce

$$\{m_{ijkl}\} = \{m_{ijkl}^{(0)}\} + \{\delta_{ijkl}\}\, e^{\lambda\tau} \tag{24}$$

in (19) and (20), where the vector $\{m_{ijkl}^{(0)}\}$ is the unimodal solution (21) and the vector $\{\delta_{ijkl}\}$ represents a set of small perturbations. Neglecting products of the δ's leads to the following linearized equation:

$$[C]\, \{\delta_{ijkl}\} = \lambda\{\delta_{ijkl}\} . \tag{25}$$

It is to be understood that the order of the elements of the vector $\{\delta_{ijkl}\}$ in (25) corresponds to the order of listing of the moment equations in (19) and (20). The elements of the fourteen square matrix $[C]$ are given in detail in the Appendix. It is seen that the stability of the unimodal solution may be determined from the nature of the eigenvalues of the matrix $[C]$. These were determined numerically for a range of system parameters using the NAG sub-routine FOZAFF (Nottingham Algorithms Group, ICL 1900 system). The algorithm is based on reducing the matrix to upper HESSENBERG form using stabilized elementary similarity transformations with double length accumulation of inner products. Some typical results are plotted in Figures (2—5).

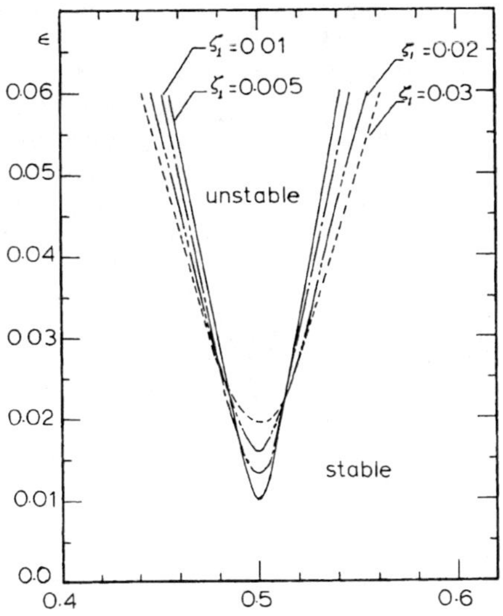

Fig. 2. Effect of Excitation Level on the Stability Boundaries for Different Values of the Main Mass Damping Ratio ζ_1 ($R = 0.10$, $\zeta_2 = 0.01$)

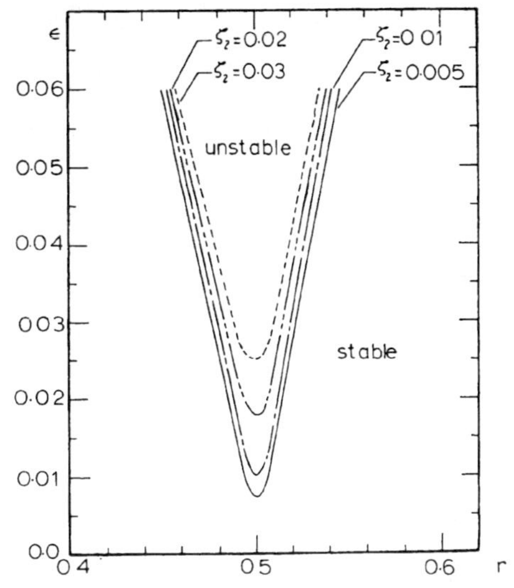

Fig. 3. Effect of Excitation Level on the Stability Boundaries for Different Values of the Cantilever Damping Ratio ζ_2. ($R = 0.10$, $\zeta_1 = 0.005$)

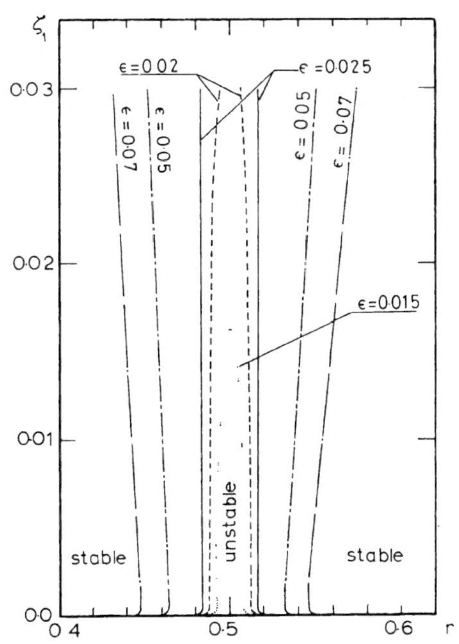

Fig. 4. Effect of Main Mass Damping on the Stability Boundaries for various values of excitation parameter 'ε' ($R = 0.1$, $\zeta_2 = 0.01$)

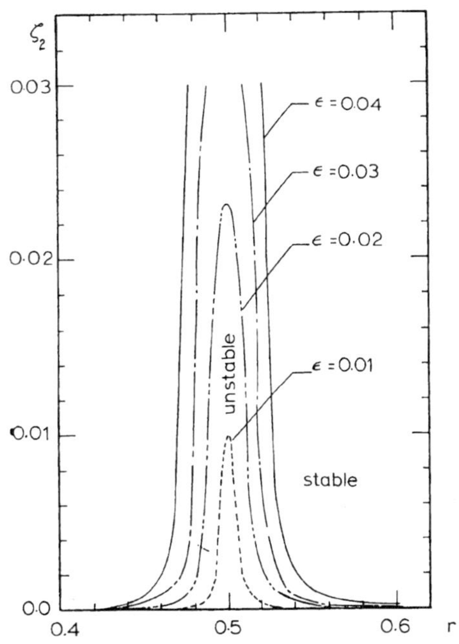

Fig. 5. Effect of the Cantilever Damping Ratio on the Stability Boundaries for Different Values of the Excitation Level ε. ($R = 0.10$, $\zeta_1 = 0005$)

Discussion of Results

The effect of the excitation parameter ε on the stability boundaries of the unimodal solution for different damping co-efficients of the primary system ζ_1, and of the coupled system ζ_2 are illustrated in Figures (2) and (3). These curves show immediately the significance of internal resonance in determining the behaviour of the system. The instability regions are centred upon a value of internal resonance detuning parameter r of 0.5 showing that unstable random motions of the coupled system are possible when the cantilever natural frequency ω_2 is arranged to be in the vicinity of $\omega_1/2$ where ω_1 is the natural frequency of the primary system. The graphs show that increasing the damping co-efficients of either system causes the minimum point of the stability boundary to move upwards, implying that the threshold level of the excitation parameter ε required to cause instability of the unimodal solution is increased. In the case of Figure (3) it is also seen that increasing ζ_2 is accompanied by a decrease in the width of the unstable region, so it may be concluded that ζ_2 has a stabilizing influence. In Figure (2) however, it is seen that beyond a certain value of ε, increase of ζ_1 leads to an increased width of the unstable region, which suggests that the damping co-efficient of the primary system has a destabilizing effect above a certain excitation level. This effect is further displayed in Figure (4) where stability regions for various values of ε are plotted on a graph of ζ_1 against r. This graph clearly shows that in the vicinity of $\varepsilon = 0.025$ the stability boundaries become parallel to the ζ_1 axis and that for higher values of ε the unstable interval increases in width with increasing ζ_1.

Such a destabilizing effect of damping is a common result in deterministic studies of many nonconservative systems and the possibility exists here that the effect is due to the change of critical internal phase relationships with increase of damping. However, in the case of the present system, it is necessary to consider that the coupling parameters ε also contain $\zeta_1^{-1/2}$, (12). This implies that in a given system, increase of ζ_1 causes a reduction in ε and the cumulative effect is almost certainly a stabilizing one. The destabilizing influence of ζ_1, shown by Figures (2) and (4) must therefore be interpreted as existing if for any increase of ζ_1, adjustment of the excitation spectral density is made to maintain the value of the coupling parameter ε. This result gives strong support to the possibility that the spectral density of the primary system response at a frequency $2\omega_2$ is a major factor in determining the stability of the coupled system. The suggestion arises from the parallel result in the case of the non-white random parametric excitation of a single degree of freedom system [3, 4]. In the present system, it is clear from the equations of the motion (4) and (5) that in the case of stable unimodal response the primary system acts as a narrow band filter for the white noise excitation and its filtered response is applied to the nonlinear coupled system as a parametric excitation. Any increase in ζ_1 accompanied by an increase in S_0 to maintain the mean square unimodal response of the coupled system and hence ε, is equivalent to an increase of band-width of the filtered parametric excitation applied to the coupled system, and is the most probable explanation for the form of the curves in Figures (2) and (4). The final illustration of the results Figure (5) shows clearly the stabilizing influence of ζ_2 for different values of ε.

A further interesting feature of the results which is not illustrated in the graphs presented, concerns the system mass ratio R. It was concluded after an extensive set of trial calculations, including the case $R = 0$, that R had no effect on the stability boundaries. This result is surprising in view of the fact that R occurs as a factor in several of the elements of the matrix $[C]$ and suggests that the eigenvalues of the matrix are insensitive to the value of these elements. As a result it appears that the stability boundaries are unaffected by the presence of the nonlinear reaction of the coupled system in the equation of motion of the primary system (1). This is a very interesting outcome since the presence of this nonlinear term distinguishes the autoparametric problem from the non-white random parametric excitation problem. The results obtained would therefore seem to indicate that the random parametric term in the equation of motion of the coupled system is the major factor in determining the stability boundaries. In the absence of an analytical solution for the stability boundaries such a conclusion cannot be made rigorous.

As a final comment, it is pointed out that the results obtained in the present paper correlate well with the numerical work of the previous paper [18] in defining the intervals of the detuning parameter r within which random motions of the coupled system were found to occur. This was the purpose of the present work.

Conclusions

The paper has considered the broadband random excitation of a certain two degree of freedom vibratory system with nonlinear coupling of the type referred to as autoparametric. The system is representative of many common structural configurations. The stochastic stability of the stationary unimodal response of this system has been examined as a means of determining regions of the system parameters for which random motions of the coupled system are excited. A method based upon the FOKKER PLANCK Equation was used and the stability boundaries were obtained from numerical evaluation of the eigenvalues of a fourteenth order matrix. The results obtained show the significant effect of internal resonance on the system behaviour. Unstable regions for the stationary solution are obtained in the neighbourhood of the internal resonance condition: $\omega_1 = 2\omega_2 \pm \varepsilon$ and the effects of the system damping co-efficients are illustrated. There is an apparent destabilising effect arising from the primary system damping co-efficient but this is probably due to the increase of the bandwidth of the primary system response. It was also found that the system mass ratio had no apparent effect on the stability boundaries. This interesting result suggests that the internal nonlinear reaction of the coupled system has negligible influence on the stability analysis in which case the problem is equivalent to a system parametrically excited by filtered white noise.

The stability analysis presented here is a useful extension of the work of the previous paper [18] and it is hoped to extend the method to more difficult cases involving narrow band excitation of the system. At the same time an experimental investigation of the present system is proceeding and will be reported in due course.

Appendix

Elements of matrix $[C]$

$C(1, 3) = 1$
$C(2, 4) = 1$
$C(3, 1) = -1$
$C(3, 3) = -2\zeta_1$
$C(3, 6) = -\varepsilon r^2 R$
$C(3, 8) = \varepsilon R$
$C(3, 13) = -2\varepsilon r\zeta_2 R$
$C(4, 2) = -r^2$
$C(4, 4) = -2r\zeta_2$
$C(4, 9) = -\varepsilon$
$C(4, 12) = -2\varepsilon\zeta_1$
$C(5, 10) = 2$
$C(6, 13) = 2$
$C(7, 6) = 4\varepsilon^2 R(D - \zeta_1)$
$C(7, 7) = -4\zeta_1$
$C(7, 10) = -2$
$C(8, 6) = 2\varepsilon^2 D$
$C(8, 8) = -4r\zeta_2$
$C(8, 13) = -2r^2$
$C(9, 11) = 1$
$C(9, 12) = 1$
$C(10, 5) = -1$
$C(10, 6) = -\varepsilon^2 R$
$C(10, 7) = 1$
$C(10, 10) = -2\zeta_1$
$C(11, 2) = -\varepsilon$
$C(11, 9) = -r^2$
$C(11, 11) = -2r\zeta_2$
$C(11, 14) = 1$
$C(12, 9) = -1$
$C(12, 12) = -2\zeta_1$
$C(12, 14) = 1$
$C(13, 6) = -r^2$
$C(13, 8) = 1$
$C(13, 13) = -2r\zeta_2$
$C(14, 2) = 2\varepsilon(D - \zeta_1)$
$C(14, 11) = -1$
$C(14, 12) = -r^2$
$C(14, 14) = -2(\zeta_1 + r\zeta_2)$

All remaining elements are zero

References

1 KOZIN, F., A Survey of Stability of Stochastic Systems, Automatica 5, pp. 95–112 (1969).
2 CAUGHEY, T. K., Derivation and Application of the FOKKER-PLANCK Equation to Discrete Non-linear Systems Subjected to White Random Excitation, J. Acoust. Soc. Amer. Vol. **35**, pp. 1683–1692 (1963).
3 STRATONOVICH, R. L., ROMANOVSKII, YU. M., Parametric Effect of a Random Force on Linear and Non-linear Vibrating Systems, Nauch. Dokl. Visch. Shkoly Fiz. Mat. Nauk **3**, pp. 221 (1958).
4 WEIDENHAMMER, F., Stability Conditions for Vibrators with Random Parametric Excitations (In German), Ing. Arch. **33**, pp. 404–415 (1964).
5 BERTRAM, J. E., SARACHIK, P. E., Stability of Circuits with Randomly Time Varying Parameters, Proc. Int. Symp. on Circuits and Information Theory, Los Angeles, California, IRE Trans. CT-6, pp. 260–270 (1959).
6 BUNKE, H., Stable Periodic Solutions of Weakly Non-linear Stochastic Differential Equations, Proc. Int. Symp. IUTAM on Stability of Stochastic Dynamical Systems, Ed. R. F. CURTAIN, Springer-Verlag, pp. 283–290 (1972).
7 DIMENTBERG, M. F., Response of a Non-linearly Damped Oscillator to Combined Periodic Parametric and Random External Excitation. Int. J. Nonlin. Mech. **11**, pp. 83–87 (1976).
8 KOLOMIETS, V. G., Application of Averaging Principle in Non-linear Oscillatory Stochastic Systems, Proc. Int. Symp. IUTAM on Stochastic Stability of Dynamical Systems, Ed. R. F. CURTAIN, Springer-Verlag, pp. 317–323 (1972).
9 SCHMIDT, G., Non-linear Systems under Random and Periodic Parametric Excitation, VII International Conference on Non-linear Oscillations, Berlin, September 8–13 (1975).
10 BOGDANOFF, J. L., KOZIN, F., Moments of the Output of Linear Random Systems, J. Acoust. Soc. Amer. Vol. **34**, 8, pp. 1063, to 1066 (1962).
11 BOLOTIN, V. V., Reliability Theory and Stochastic Stability, Study No. 6 on Stability, Chapter 11, University of Waterloo pp. 385–422 (1972).
12 WEDIG, W., Stability Conditions for Parametric Vibrating Systems under Wide Band Random Excitation (In German), ZAMM **56**, pp. T77–T79 (1972).
13 WEDIG, W., Stability Conditions for Oscillations with Parametric Filtered Noise Excitation (In German), ZAMM **62**, pp. 161–166 (1972).
14 WEDIG, W., Regions of Instability for a Linear System with Random Parametric Excitation, Proc. IUTAM Symp. on Stability of Stochastic Dynamical Systems, Ed. R. F. CURTAIN, Springer-Verlag, pp. 160–172 (1972).
15 CRANDALL, S. H., Perturbation Techniques for Random Vibration of Non-linear Systems, J. Acoust. Soc. Amer. **35**, pp. 1700 to 1705 (1963).
16 NEWLAND, D. E., Energy Sharing in Random Vibration of Non-linearly Coupled Modes, J. Inst. Maths. Appl. **1**, pp. 199–207 (1965).
17 HAXTON, R. S., BARR, A. D. S., Autoparametric Vibration Absorber, J. Eng. for Ind., Trans. ASME, Series. B, **94**, pp. 119–125 (1972).
18 IBRAHIM, R. A., ROBERTS, J. W., Broad Band Random Excitation of a Two-Degree-of-Freedom System with Autoparametric Coupling, J. Sound and Vibrations. **44**, pp. 335–348 (1976).

Eingereicht am 25. 3. 1976

Anschrift: Dr. J. W. ROBERTS, Dr. R. A. IBRAHIM, School of Applied Dynamics, Department of Mechanical Engineering, University of Edinburgh EH9 3JL, Scotland, Great Britain

ZAMM 57, 651 – 657 (1977)

Djordje S. Djukić / Bozidar D. Vujanović

Canonicial Transformations and the Hamilton-Jacobi Theorem in the Optimum Control Theory

Die vorliegende Arbeit beschäftigt sich mit der Aufgabe, eine grundlegende Beziehung zwischen dem Pontrjaginschen Maximum-Prinzip und der Bellmanschen Methode der dynamischen Programmierung über die kanonischen Variablentransformationen aufzustellen, wie das in der klassischen Mechanik getan wird. Für optimale Steuersysteme wird eine strenge Form des Hamilton-Jacobi-Theorems bewiesen. Weiterhin wird gezeigt, daß die gesteuerten Systeme mittels einer partiellen Differentialgleichung vom Hamilton-Jacobi-Typ behandelt werden können, die allerdings wesentlich von der Bellmanschen Funktionalgleichung unterschieden ist. Die Lösung dieser Gleichung ist eine Funktion der verallgemeinerten Momente, die in der Pontrjaginschen Theorie auftreten, sowie auch der Zeit. In einigen Fällen kann diese Gleichung mit Vorteil im Vergleich mit der Bellmanschen Gleichung angewandt werden. Um die dargestellte Theorie zu illustrieren, wird ein Beispiel gerechnet.

This paper deals with the problem to establish a profound relationship between Pontryagin's maximum principle and Bellman's dynamic programming method via the canonical transformations of the variables, as it is a case in classical mechanics. A rigorous form of the Hamilton-Jacobi theorem is proved for optimal control systems. Further it is shown that the controlled systems may be treated by a partial differential equation of the Hamilton-Jacobi type, which, however, is fundamentally different of the Bellman functional equation. The solution of this equation is a function of the generalized momenta, which appear in Pontryagin's theory, and the time. In some cases this equation can be advantageously used in comparison with the Bellman equation. An example is solved to illustrate the presented theory.

Статья посвящена задаче об установления фундаментального отношения между принципом максимума Понтрягина и методом динамического программирования Беллмана при помощи канонических преобразований переменных, как это делается в классической механике. Доказывается точная форма теоремы Гамильгона-Якоби для систем оптимального управления. Дальше указывается, что управлаемые системы можно трактовать с помощью дифференциального уравнения в частных производных типа Гамильтона-Якоби, которое однако существенно отличается от функционального уравнения Беллмана. Решение этого уравнения является функцией обобщенного момента встречающегося в теории Понтрягина и от времени. В нескольких случаев более полезно применить это уравнение чем уравнением Беллмана. Чтобы иллюстрировать изложенную теорию решается пример.

1. Introduction

Among the numerous attempts to find new dynamic optimization methods in recent years the dynamic programming developed by Bellman and the maximum principle derived by Pontryagin rendered to be the two most successful ones.

By the use of the maximum principle the optimization problem is essentially reduced to a maximum or minimum search problem subject to a set of ordinary differential equations and certain inequality constraints. This set of ordinary differential equations forms a twopoint boundary value problem (Pontryagin et al. [11], Fan [6], Fel'dbaum and Butkovskii [7], Rozonoer [14], Sage [15]). The maximum principle equations are analogous to Hamilton's canonic equations of motion of classical mechanics.

Another approach is the dynamic programming method due to Bellman (Bellman [1, p. 83], Bellman [2], Berkovitz [3], Desoer [4], Dreyfus [5], Roberts [13], Rozonoér [14]), presenting a functional equation which must satisfy the value of the minimum or maximum as a function of initial or terminal position. The functional equation is a partial differential equation of the Hamilton-Jacobi type in classical mechanics. But the scheme for solving this equation is quite different in classical mechanics and in Bellman's dynamic programming. In classical mechanics one is seeking for a *complete* (Whittaker [17, p. 315]) or sometimes the so -called *general* (Leech [8, p. 77]) *solution* of the equation containing a sufficient number of arbitrary constants. This solution in combination with the Hamilton-Jacobi theorem [17, p. 315] determines solutions of the dynamical problem themselves merely by differentiation and the solution of simultaneous equations. In the dynamic programming technique one is seeking for a specific [5, p. 96] solution of the Hamilton-Jacobi equation which must satisfy the appropriate initial or terminal boundary condition with respect to time. If such a function, the so-called *optimal value function,* is analytically known, then differentiation and the solution of simultaneous equations determines only optimal control variables (optimal policy functions) as functions of the state variables and the time. Integration is then required of the governing differential equations of the system under consideration to determine the optimal state variables as functions of time. Hence, the Bellman dynamic programming scheme is incomplete in comparison with the classical Hamilton-Jacobi theory for dynamical systems, but we must have in mind that this method reduces a complicated problem into a simple algorithm ideally suited for modern computers. A variant of the Hamilton-Jacobi theory of classical mechanics was given by Dreyfus [5, p. 89] for the dynamic programming approach to the classical variational calculus problem of minimizing the definite integral. Dreyfus' derivation is quite different of the classical one and his results are not summarized in an equivalent Hamilton-Jacobi theorem. The similarity of Dreyfus' considerations with the classical ones is only in the fact that the final form of his results is similar to the final goal of the Hamilton-Jacobi method when used in classical mechanics.

Powers and Tapley [12] applied the canonical transformation theory and the Hamilton-Jacobi theorem of classical mechanics to the analysis of optimal trajectories for space vehicles. They found the general solutions of the HAMILTON-JACOBI equation for the parabolic and hyperbolic coast-arc problem, assuming that the control variables are unconstrained. In their analysis POWERS and TAPLEY did not establish any connection between the maximum principle and dynamic programming.

The relationship between the maximum principle and dynamic programming occupied many authors. The equations derived from the dynamic programming method are completely analogous to the HAMILTON-JACOBI partial differential equations, while the maximum principle equations are analogous to the HAMILTON canonic equations of motion of classical mechanics. Hence, the connection between the equation of this two dynamic optimization method is analogous to the relationship between the HAMILTON canonic equations and the HAMILTON-JACOBI equations in classical mechanics, how it was pointed out by ROZONOÉR [14]. In the present literature the connection between these two leading optimal control methods is shown only in so far that PONTRYAGIN's maximum principle equations can be formally obtained from the BELLMAN's functional equation, usually by taking appropriate partial derivatives of the BELLMANS equation [15, p. 80], [14], [4], [10], [5, p. 153], [7, p. 591]. However, the resulting maximum principle is not applicable to as broad a class of problems as is possible. The reason for this is that there exists a certain requirement of a general character for the BELLMAN function in order to obtain the equations of the maximum principle.

The main purpose of this article is to establish a profound relationship between the maximum principle and the dynamic programming method via the canonical transformations of the variables, as it is done in classical mechanics. The HAMILTON-JACOBI theorem for the optimal control problems with the constrained control variables will be proved.

Also, it will be shown that the optimal control system can be treated by a partial differential equation of the HAMILTON-JACOBI type, but which is fundamentally different from the BELLMAN functional equation. The solution of this equation is a function of the generalized momenta, which appear in PONTRYAGIN's maximum principle, and of the time. In some cases this equation can be advantageously used in comparison with the BELLMAN equation. An example will be solved in detailes as the illustration of the presented theory.

2. Pontryagin's maximum principle and the canonical Transformations

Let us consider a controlled system whose state at time t is represented by n real state variables $x_1(t), \dots, x_n(t)$ and which is described by a system of differential equations

$$\dot{x}_i = F_i[x_j(t), \quad u_a(t), t], \qquad (i, j = 1, \dots, n; \quad a = 1, \dots, m), \tag{1}$$

where $u_1(t), \dots, u_m(t)$ are m control variables, F_i are known functions of state variables, control variables and time and the dot refers to derivatives with respect to time t. The problem of optimal control is to choose control variables $u_a(t)$ in such a way as to minimize a functional

$$J = \vartheta[x_i(t_f), t_f] + \int_{t_0}^{t_f} \varphi[x_i(t), \ u_a(t), t] \, dt, \qquad (i = 1, \dots, n; \ a = 1, \dots, m), \tag{2}$$

where t_0 is the initial time; t_f the terminal time; φ a given function of x_i, u_a and t; ϑ a given function on the set of terminal states.

Further, we will assume that the control variables $u_1, \dots, u_m$, must belong to the closed set U at any given moment, that is, $u_a(t) \in U$, $(a = 1, \dots, m)$. If no restrictions are imposed on the control variables $u_a(t)$, the set U is unbounded.

The PONTRYAGIN maximum principle equations (see e.g. [11], [15, p. 70], [14]), the solution of which minimizes the functional (2) and determines the optimum state and control variables $x_i(t)$ and $u_a(t)$, may be obtained if we at first define a HAMILTONian

$$H[x_i(t), \ u_a(t), \ p_i(t), t)] = \varphi[x_i(t), \ u_a(t), t] + p_i(t) \, F_i[x_j(t), \ u_a(t), t], \tag{3}$$
$$(i, j = 1, \dots, n; \ a = 1, \dots, m),$$

and then identify the HAMILTONian with optimal control variables $\hat{u}_1, \dots, \hat{u}_m$, less than any other value of H with $u_a \in U$:

$$H[x_i(t), \hat{u}_a(t), p_i(t), t] \leqq H[x_i(t), u_a, p_i(t), t], \qquad \text{for all } u_a \in U \tag{4}$$

$$\dot{x}_i = \frac{\partial H}{\partial p_i}, \qquad \dot{p}_i = -\frac{\partial H}{\partial x_i}, \tag{5}$$

where $p_1, \dots, p_n$ are LAGRANGE multipliers analogous to the generalized momenta of classical mechanics and the summation convention is employed throughout. It is well known (see for instance [15] pp. 56—70) that these equations are to be solved together with the corresponding boundary or transversality conditions.

If the control variables are unrestricted then the minimum of the HAMILTONian is obtained by setting $\partial H / \partial u_a = 0$. After algebraic calculations these m equations yield m optimal control variables as functions of state variables, momenta and time, i.e.

$$u_a = \hat{u}_a = \hat{u}_a \, [x_i(t), \ p_i(t), t]. \tag{6}$$

If the control variables must belong to the bounded closed set U, we will further assume that the condition (4) can be achieved by constant optimal control variables

$$u_a = \hat{u}_a = c_a, \tag{7}$$

where the constants c_a may be different in different time intervals.

Now, combining these equations, the maximum principle equations (5) transform into [12]

$$\dot{x}_i = \frac{\partial \hat{H}}{\partial p_i}, \qquad \dot{p}_i = -\frac{\partial \hat{H}}{\partial x_i} \tag{8}$$

while the minimum condition (4) is of the form

$$\hat{H}(x_i, p_i, t) \leqq H(x_i, u_a, p_i, t), \qquad \text{for all } u_a \in U, \tag{9}$$

where $\hat{H}$ is the HAMILTONian which is obtained when optimal control variables (6) or (7) are substituted into the right-hand side of (3), i.e.

$$\hat{H}(x_i, p_i, t) = H(x_i, \hat{u}_a, p_i, t). \tag{10}$$

The equations (8) *are completely analogous with the* HAMILTON *canonical equation of motion in classical mechanics.* Therefore, the well known results of the canonical transformations (see for example [9] p. 518, [8] p. 68 or [17] p. 292) developed in classical mechanics, can be applied to the equations (8). Namely, introducing the new canonical variables $X_1, \dots, X_n, P_1, \dots, P_n$ instead of the so-called old variables $x_1, \dots, x_n, p_1, \dots, p_n$, the HAMILTON canonical equations (8) transform into another system of the canonical equations

$$\dot{X}_i = \frac{\partial K}{\partial P_i}; \qquad \dot{P}_i = -\frac{\partial K}{\partial X_i}, \qquad (i = 1, \dots, n), \tag{11}$$

where the new HAMILTONian function

$$K = \hat{H} + \frac{\partial V_\nu}{\partial t}, \qquad (\nu = 1, \dots, 4), \tag{12}$$

depends on the new variables X_i and P_i, and V_ν is the so-called *generating function.* There exist four types of generating functions: $V_1(x_i, X_i, t)$, $V_2(x_i, P_i, t)$, $V_3(p_i, X_i, t)$ and $V_4(p_i, P_i, t)$. The equations $X_s = X_s(x_j, p_j, t)$ and $P_s = P_s(x_j, p_j, t)$ which connect the two sets of variables are completely known from a knowledge of the generating function. For the generating functions V_2 and V_4 these relations are given by

$$p_i = \frac{\partial V_2}{\partial x_i}; \qquad X_i = \frac{\partial V_2}{\partial P_i} \tag{13}$$

and

$$x_i = -\frac{\partial V_4}{\partial p_i}; \qquad X_i = \frac{\partial V_4}{\partial P_i}, \tag{14}$$

(for more details see cited ref.).

Let us construct a geometrical interpretation of the meaning of the canonical transformations in optimal control theory. After elimination of the control variables the optimal control trajectory is a curve in the $2n$ dimensional phase space (xp) with the point coordinates x_i and p_i. The equations of this trajectory are given by the solution of the equations (8), where time is a parameter.

In the general case, the optimal control variables $\hat{u}_a(t)$ are piecewise continuous, i.e., each of them can have a finite number of discontinuities of the first type. Let us denote with t_k $(k = 1, \dots)$ the *terminal moment* of the k-th interval of time in which the optimal control variables $\hat{u}_a$ are continuous functions. At the moments t_k the functions $\hat{u}_a$, perhaps only one of them, have a discontinuity. Any optimal state of the controlled process may be represented by the position of a point on the *optimal control trajectory* (OCT). This point will be called the *optimal state point* in (xp) space and denoted $(\widehat{S\Pi})_{xp}$. The positions of $(\widehat{S\Pi})_{xp}$ at the moments t_k will be designated with $(\widehat{S\Pi})^k_{xp}$. It is a known fact that the state variables x_i are continuous functions, but that their derivatives with respect to time may have a discontinuity at the moments t_k. According to a standard supposition of the PONTRYAGIN maximum principle [14], the momenta p_i are also continuous functions while its derivatives, with respect to time may have a discontinuity at time $t = t_k$. The continuity condition of the momenta allows one to join the solutions at $t = t_k$. Hence, the (OCT) in the phase space (xp) is a continuous curve, smooth between every two points $(\widehat{S\Pi})^k_{xp}$ and $(\widehat{S\Pi})^{k+1}_{xp}$, and which may have different left and right-hand side tangents at the points $(\widehat{S\Pi})^k_{xp}$. The smooth part of the (OCT) between the points $(\widehat{S\Pi})^k_{xp}$ and $(\widehat{S\Pi}^{k+1}_{xp}$ will be denoted by $(xp)_k$. Introducing the new variables X_i and P_i, by the canonical transformation, the (OCT) is transformed from the space (xp) into the (OCT) in the $2n$ dimensional phase space (XP), with X_i and P_i as the point coordinates. Further, let us suppose that every smooth part $(xp)_k$ of the (OCT) in the space (xp) is transformed in a smooth curve $(XP)_k$ of the space (XP) by the canonical transformation of the variables $(CT)_k$. This $(CT)_k$ is completely known if the corresponding generating function V^k_ν is given. By the variety of the indexes $\nu = 1, \dots, 4$; $k = 1, \dots$, it is underlined that V^k_ν may belong to any of the four mentioned classes of the generating functions and that this function may be different in every closed interval of time T_k, while the $(\widehat{S\Pi})_{xp}$ is moving on the (OCT) between the points $(\widehat{S\Pi})^k_{xp}$ and $(\widehat{S\Pi})^{k+1}_{xp}$ of the smooth curve $(xp)_k$. If the generating functions V^k_ν are smooth functions, then by use of the $(CT)_k$, to any $(xp)_k$ a corresponding smooth curve $(XP)_k$ in the space (XP), can be added or reverse. Finally, one can conclude that the (OCT) in the space (XP) is a set of smooth curves $(XP)_k$, which may be bounded or unbounded, may cut each other, and in a special case may have common points. At the moments of time t_k, when the optimal control variables $\hat{u}_a$ have discontinuities, the $(\widehat{S\Pi})$ jumps from one smooth curve $(XP)_k$ to another. On each of the curves $(XP)_k$ the $(\widehat{S\Pi})$ remains movable during the time $t \in T_k$.

3. First Bellman's form of the Hamilton-Jacobi Theorem

In the text it was not mentioned that the maximum principle equations (8) have to be solved in any of the time intervals T_k, where the control variables are continuous functions. By the canonical transformation of the variables this problem is reduced to the integration problem of the equations (11), which may be simpler for integration than the initial one. The most simple problem appears if we require that the transformed HAMILTONian (12) identically vanishes in every time interval T_k, i.e. $K_k \equiv 0$ for $t \in T_k$ $(k = 1, \ldots)$. Immediately, it follows from (11) that

$$X_{i(k)} = \alpha_{i(k)} \; ; \qquad P_{i(k)} = \beta_{i(k)} \; ; \qquad t \in T_k \, , \qquad (i = 1, \ldots n; \qquad k = 1, \ldots) \, , \tag{15}$$

where $\alpha_{i(k)}$ and $\beta_{i(k)}$ are constants. Combining these results with (10), (12—13) and assuming that the unknown generating function is of the same type in all intervals of time T_k and at the same time is a function of the old state variables x_i, the new momenta P_i and the time $(\nu = 2)$, one obtains

$$p_i = \frac{\partial V_2^k}{\partial x_i} \; ; \qquad \alpha_{i(k)} = \frac{\partial V_2^k}{\partial \beta_{i(k)}} \, , \qquad t \in T_k \, , \qquad (i = 1, \ldots, n; \; k = 1, \ldots) \, , \tag{16}$$

and

$$\frac{\partial V_2^k}{\partial t} + \hat{H}\left(x_1, \ldots, x_n; \frac{\partial V_2^k}{\partial x_1}, \ldots, \frac{\partial V_2^k}{\partial x_n}, t\right) = 0 \, , \qquad t \in T_k \, . \tag{17}$$

This equation (17), known as the HAMILTON-JACOBI equation in classical mechanics, is a partial differential equation in $(n + 1)$ variables $x_1, \ldots, x_n$ and t. Its solution gives the desired generating function when $K_k \equiv 0$ for $t \in T_k$. The equation must be solved in every interval of time T_k, and, as it is the case in classical mechanics, we desire its general solution.

Now, we can formulate the HAMILTON-JACOBI theorem (see details in [8] p. 77): *If a general integral $V_2^k(x_1, \ldots, x_n; \beta_{1(k)}, \ldots, \beta_{n(k)}, t)$ of the* HAMILTON-JACOBI *equation* (17) *is known for $t \in T_k$, then a finite solution of the* PONTRYAGIN *maximum principle equations* (8) *for an optimal control process with given* HAMILTONian (3), *which satisfies the minimum condition* (9), *is given by* (16), *where $\alpha_{i(k)}$ and $\beta_{i(k)}$ are constants. These constants are to be determined from the boundary or transversality conditions at the initial and terminal time of the process, and the continuity conditions for the state variables x_i and momenta p_i at the moments of time t_k $(k = 1, 2, \ldots)$ in which the optimal control variables have discontinuities. In the general case the* HAMILTON-JACOBI *equation* (17) *is a nonlinear differential equation, which may be integrated by the classical mechanics methods* [9] p. 537. *The equation may be linear only when the* HAMILTONian $\hat{H}$ *defined by* (10), *is linear with respect to the momenta p_i.*

The geometrical meaning of the HAMILTON-JACOBI theorem is following: By the canonical transformations whose generating functions are solutions of the HAMILTON-JACOBI equations (17), every smooth part $(xp)_k$ of the optimal control trajectory in (xp) space is transformed in a point suited in a space (XP). Hence, the optimal control trajectory in the space (XP) is represented by the set (S) of discrete points A_k, whose coordinates are given with (15). At the moments of time t_k, when the optimal control variables $\hat{u}_1, \ldots, \hat{u}_m$ have discontinuities, the optimal state point $(\widehat{S\Pi})$ in the space (XP) jumps from a point $A_k \in (S)$ to another point of the same set (S). At each of the points $A_k \in (S)$ $(k = 1, 2, \ldots)$ the $(\widehat{S\Pi})$ remains unmovable during the time $t \in T_k$.

Combining (1), (3) and (16—17) we have a complete derivative of the function V_2^k with respect to time $\mathrm{d}V_2^k/\mathrm{d}t = -\hat{\varphi}(x_i, \hat{u}_a, t)$, $t \in T_k$, where the function $\hat{\varphi}$ is obtained when the optimal control variables (6) or (7) are substituted into the function φ of the functional (2). After integrating this equation in the time interval $t \in T_k$, from the moment t_{k+1} backward to the moment t_k, and remembering that $V_2^k = V_2^k(x_1, \ldots, x_n, t)$, we have

$$V_2^k[x_i(t_k), t_k] = V_2^k[x_i(t_{k+1}), t_{k+1}] + \int_{t_k}^{t_{k+1}} \hat{\varphi}(x_i, \hat{u}_a, t) \, \mathrm{d}t \, . \tag{18}$$

If we compare this result for the generating function V_2^k with the expression for the optimal value function of BELLMAN [2] p. 140, [3], [15] p. 75, [5] p. 71, it is obvious that V_2^k is just this BELLMAN function for following reasons: In the time interval $t_k \to t_{k+1}$ $(t \in T_k)$ the function V_2^k is a solution of the HAMILTON-JACOBI equation (17), which is the same as the BELLMAN functional equation of dynamic programming [15] p. 77, [3], [14]. By the simultaneous comparison of the equations (17) and (18) with the results in the mentioned references, and remembering that the HAMILTONian $\hat{H}$ is obtained by use of the equations (3), (16) and (6) or (7), we can conclude that the presented results are the same as those obtained by the application of BELLMAN's optimality principle in the time interval $t \in T_k$. Hence, by the canonical transformations the profound relationship between the PONTRYAGIN maximum principle and the BELLMAN dynamic programming method is established.

However, we must underline two important differences between these methods. At first, according to BELLMAN's method one is seeking for a specific solution of the HAMILTON-JACOBI equation (17), which must satisfy the appropriate initial or terminal boundary condition with respect to time, while, according to the presented theory, only by its general solution this equation may be connected with the maximum principle equations. Further, if we consider all intervals of time between the initial moment (t_0) and terminal moment (t_f) of the process, then by supposition of the PONTRYAGIN maximum principle the state variables and momenta are continuous functions of time for $t \in [t_0, t_f]$. This implies, by use of (16), that the solutions of the partial equation (17) in the different time intervals T_k must be joined by the continuity condition for the partial derivatives $\partial V_2^k/\partial x_i$ at the moments $t_k \in (t_0, t_f)$, at which the optimal control variables may have discontinuities. Hence, in the general case the function V_2^k may have discontinuities at the moments of time t_k. This behaviour of the function V_2^k is different from the behaviour of

BELLMAN's optimal value function, which is a mathematically different solution of the same equation (17). The BELLMAN function is, by supposition, continuous in the whole interval $t \in [t_0, t_f]$, but its derivatives $\partial V_2^k/\partial x_i$ may have discontinuities at the moments t_k. Therefore, a solution of the equations (17) will be equivalent to BELLMAN's optimal value function if a general solution of these is replaced by a specific one, and if joining conditions at the moments t_k are achieved by continuity of function V_2^k instead by continuity of momenta.

Finally, we may conclude that the PONTRYAGIN maximum principle and BELLMAN's dynamic programming technique use two different approaches of classical mechanics to the optimal control theory. Clear relationship between these approaches (HAMILTON canonical equations — HAMILTON-JACOBI partial differential equation), which is existing in classical mechanics, is masked in the optimal control theory by the contradictory a priori accepted joining conditions in this two methods. Hence, in any approach from the PONTRYAGIN maximum principle to the BELLMAN dynamic programming or vice versa this fundamental suppositions must be changed.

4. Second form of the Hamilton-Jacobi Theorem

Let us assume that the generating function V_ν^k is of the same type in all intervals T_k and a function of the old and new momenta and time ($\nu = 4$). Under these conditions and by making use of (10—12) and (14), we can easily deduce the second form of the HAMILTON-JACOBI theorem as it was done in the previous chapter: *If a general integral* $V_4^k(p_1, \ldots, p_n; \beta_{1(k)}, \ldots, \beta_{n(k)}, t)$ *of the* HAMILTON-JACOBI *equation* (19)

$$\frac{\partial V_4^k}{\partial t} + \hat{H}\left(-\frac{\partial V_4^k}{\partial p_1}, \ldots, -\frac{\partial V_4^k}{\partial p_n}, p_1, \ldots, p_n, t\right) = 0, \qquad t \in T_k, \tag{19}$$

is known, then a finite solution of the PONTRYAGIN *maximum principle equations* (8), *for a process with given* HAMILTONian (3), *which satisfies the minimum condition* (9), *is given by*

$$x_i = -\frac{\partial V_4^k}{\partial p_i}; \qquad \alpha_{i(k)} = \frac{\partial V_4^k}{\partial \beta_{i(k)}}, \qquad t \in T_k, \qquad (i = 1, \ldots, n;\ k = 1, \ldots), \tag{20}$$

where $\alpha_{i(k)}$ *and* $\beta_{i(k)}$ *are constants. The theorem is valid for* $t \in T_k$ ($k = 1, \ldots$). *These constants are to be determined in the same way as it was explained after equations* (16—17).

In the general case the equation (19) is a nonlinear partial differential equation, and may be linear if the HAMILTONian $\hat{H}$ is linear with respect to the state variables x_i. In this cases the equation (19) may be advantegeously used in comparison with the equation of the BELLMAN type (17), which is in the same situation usually nonlinear.

Combining (1), (3), (6—7), (10) and (19—20) we have a complete derivative of the function V_4^k with respect to time

$$\frac{\mathrm{d}V_4^k}{\mathrm{d}t} = -\frac{\mathrm{d}}{\mathrm{d}t}(x_i p_i) - \hat{\varphi}(x_i, \hat{u}_a, t), \qquad t \in T_k, \tag{21}$$

where $\hat{\varphi}$ has the same meaning as in equation (18).

Combining equations (18) and (21) we obtain the connection between the generating functions V_2^k and V_4^k

$$V_2^k(x_1, \ldots, x_n; \beta_{1(k)}, \ldots, \beta_{n(k)}, t) = V_4^k(p_1, \ldots, p_n; \beta_{1(k)}, \ldots, \beta_{n(k)}, t) + x_i p_i, \quad t \in T_k, \tag{22}$$

$$(i = 1, 2, \ldots n; \qquad k = 1, 2, \ldots),$$

which is well known in classical mechanics [9] p. 523, while first systems of equations (16) and (19) represent direct and reverse transformations, the so-called LEGENDRE *transformation.*

Finally, we may conclude that the function V_4^k and its partial differential equation (19) can be used as the foundation of a method for solving control problems, which is similar to the BELLMAN dynamic programming. In this way we must accept a specific solution of the equation (19) instead of a general, derive a corresponding initial or terminal boundary condition [5] and adapt some of the computational methods [2].

5. Example

We wish to change the state of the system from

$$x_1(0) = 2; \qquad x_2(0) = 0, \tag{23}$$

to a final state which is confined to lie on a unit circle

$$[x_1(T)]^2 + [x_2(T)]^2 = 1, \tag{24}$$

at $t = T$, where T is unspecified. The control variable is constrained as $|u| \leq 1$. We are to find an optimal control in which

$$J = \int_0^T (|u| + \tfrac{1}{2})\,\mathrm{d}t$$

is minimized. The performance equations of the system are

$$\dot{x}_1 = x_2; \qquad \dot{x}_2 = u.$$

The HAMILTONian (3) of the problem is

$$H = \tfrac{1}{2} + p_1 x_2 + |u| + p_2 u.$$

The optimal control action which minimizes H should be as follows

$$\hat{u} = \begin{cases} -1 & \text{if} \quad p_2 > 1\,, \\ 0 & \text{if} \quad 1 > p_2 > -1\,, \\ 1 & \text{if} \quad -1 > p_2\,. \end{cases}$$

Let us assume for the time being that the optimal control action at $t = 0$ is $\hat{u} = -1$. We start with the control $\hat{u} = -1$ for $t \in T_1 = [0, t_s]$ and switch to $\hat{u} = 0$ for $t \in T_2 = [t_s, T]$. Hence, we have

$$\hat{H} = \tfrac{1}{2} + p_1 x_2 + 1 - p_2 \qquad \text{for} \quad t \in T_1\,, \qquad (25)$$
$$\hat{H} = \tfrac{1}{2} + p_1 x_2 \qquad \text{for} \quad t \in T_2\,.$$

Combining (25), (19—20) we have the corresponding HAMILTON-JACOBI equations

$$\frac{\partial V_4^1}{\partial t} + \frac{1}{2} + 1 - p_2 - p_1 \frac{\partial V_4^1}{\partial p_2} = 0\,, \qquad t \in T_1\,,$$

$$\frac{\partial V_4^2}{\partial t} + \frac{1}{2} - p_1 \frac{\partial V_4^2}{\partial p_2} = 0\,, \qquad t \in T_2\,,$$

whose general solutions are

$$V_4^1 = \beta_{1(1)} t + \beta_{2(1)} p_1 + \beta_{1(1)} \frac{p_2}{p_1} + \frac{p_2}{p_1} + \frac{p_2}{2p_1} - \frac{p_2^2}{2p_1}\,, \qquad t \in T_1 \qquad (26)$$

$$V_4^2 = \beta_{1(2)} t + \beta_{2(2)} p_1 + \beta_{1(2)} \frac{p_2}{p_1} + \frac{p_2}{2p_1}\,, \qquad t \in T_2\,. \qquad (27)$$

Substituting (26—27) into (20) we have

$$p_1 = \alpha_{2(1)}\,; \qquad p_2 = \alpha_{2(1)}(\alpha_{1(1)} - t)\,;$$

$$x_1 = \left(-\beta_{2(1)} + \beta_{1(1)} \frac{\alpha_{1(1)}}{\alpha_{2(1)}} + \frac{\alpha_{1(1)}}{\alpha_{2(1)}} + \frac{\alpha_{1(1)}}{2\alpha_{2(1)}} - \frac{\alpha_{1(1)}^2}{2}\right) + t\left(-\frac{\beta_{1(1)}}{\alpha_{2(1)}} - \frac{1}{\alpha_{2(1)}} - \frac{1}{2\alpha_{2(1)}} + \alpha_{1(1)}\right) - \frac{1}{2} t^2\,, \qquad (28)$$

$$x_2 = \left(-\frac{\beta_{1(1)}}{\alpha_{2(1)}} - \frac{1}{\alpha_{2(1)}} - \frac{1}{2\alpha_{2(1)}} + \alpha_{1(1)}\right) - t\,, \qquad t \in T_1\,;$$

$$p_1 = \alpha_{2(2)}\,; \qquad p_2 = \alpha_{2(2)}(\alpha_{1(2)} - t)\,;$$

$$x_1 = \left(-\beta_{2(2)} + \beta_{1(2)} \frac{\alpha_{1(2)}}{\alpha_{2(2)}} + \frac{\alpha_{1(2)}}{2\alpha_{2(2)}}\right) + t\left(-\frac{\beta_{1(2)}}{\alpha_{2(2)}} - \frac{1}{2\alpha_{2(2)}}\right), \qquad (29)$$

$$x_2 = \left(-\frac{\beta_{1(2)}}{\alpha_{2(2)}} - \frac{1}{2\alpha_{2(2)}}\right), \qquad t \in T_2\,.$$

From the equations (23—24), [15] pp. 56—70, the continuity condition for x_1, x_2, p_1 and p_2 at the moment t_s and the condition that $p_2(t_s) = 1$ we have the values of the constants in (28—29), switching time t_s and final time T of the process

$$\alpha_{1(1)} = \alpha_{1(2)} = 3t_s\,; \qquad \alpha_{2(1)} = \alpha_{2(2)} = \alpha_{2(2)} = \tfrac{1}{2} t_s^{-1}\,;$$
$$\beta_{1(1)} = \beta_{1(2)} = 0\,; \qquad \beta_{2(1)} = \tfrac{9}{2} t_s^2 - 2\,; \qquad \beta_{2(2)} = \tfrac{5}{2} t_s^2 - 2\,; \qquad (30)$$
$$t_s = 0{,}56\,; \qquad T = 2{,}38\,.$$

This solution (28—30) of the problem is the same as those obtained by TAKAHASHI [16] (see also [6] p. 52), by use of the PONTRYAGIN maximum principle equations.

We may remark that the optimal control trajectory of the problem in the phase space (XP) is represented by two discrete points:

$$\text{point } (\alpha_{1(1)}, \alpha_{2(1)}, \beta_{1(2)}, \beta_{2(1)}) = \left(3t_s, (2t_s)^{-1}, 0, \tfrac{9}{2} t_s^2 - 2\right) \qquad \text{for} \quad t \in T_1$$

and

$$\text{point } (\alpha_{1(2)}, \alpha_{2(2)}, \beta_{1(2)}, \beta_{2(2)}) = \left(3t_s, (2t_s)^{-1}, 0, \tfrac{5}{2} t_s^2 - 2\right) \qquad \text{for} \quad t \in T_2\,.$$

References

1 BELLMAN, R., Dynamic Programming, Princeton University Press, Princeton 1957.
2 BELLMAN, R., Introduction to the Mathematical Theory of Control Processes. Vol. II, Academic Press, New York 1971.
3 BERKOVITZ, L. D., Variational methods on problems of control and programming, J. Math. Analysis Appl. **3**, 145—169 (1961).
4 DESOER, C. A., PONTRIAGIN's maximum principle and the principle of optimality, J. Franklin Inst. **271**, 361—367 (1961).
5 DREYFUS, S. E., Dynamic Programming and the Calculus of Variations, Academic Press, New York 1965.

6 FAN, L. T., The Continuous Maximum Principle, John Wiley, New York 1966.
7 FEL'DBAUM, A. A., BUTKOVSKII, A. G., Methods of Automatic Control, Nauka, Moscow 1971, in Russian.
8 LEECH., J. W., Classical Mechanics, Methuen, London 1965.
9 LURE, A. I., Analytical Mechanics, G.I.F.M.L., Moscow 1961, in Russian.
10 MORTON, R., On the dynamic programming approach to PONTRIAGIN's maximum principle, J. Appl. Probab. **5**, 679—692 (1968).
11 PONTRYAGIN, L. S.; BOLTYANSKII, V. G.; GAMKRELIDZE, R. V.; MISHCENKO, E. F., The Mathematical Theory of Optimal Processes, John Wiley, New York 1962.
12 POWERS, W. F.; TAPLEY, B. D., Canonical transformation applications to optimal trajectory analysis, AIAA J. **7**, 394—399 (1969).
13 ROBERTS, S. M., Dynamic programming in Chemical Engineering and Process Control, Academic Press, New York 1964.
14 ROZONOÉR, L. I., L. S. PONTRYAGIN's maximum principle in the theory of optimum systems. III, Automat. Telemek. 20, 1561 to 1578 (1959).
15 SAGE, A. P., Optimum Systems Control, Prentice-Hall Inc. Englewood Cliffs 1968.
16 TAKAHASHI, Y., The Maximum Principle and its Applications, ASME. Paper **63**-WA-333 (1963).
17 WHITTAKER, E. T., A Treatise on the Analytical Dynamics of Particles and Rigid Bodies, Cambridge University Press, London 1970.

Eingereicht am 24. 12. 1973, revidierte Fassung am 24. 7. 1974

Anschriften: Dr. DJORDJE S. DJUKIĆ, Dr. BOZIDAR D. VUJANOVIĆ Department of Mechanics, Mechanical Engineering Faculty, University of Novi Sad, 21000 Novi Sad, Jugoslavia

ZAMM 57, 659 – 669 (1977)

F. SCHNERR

Einschrittverfahren zur numerischen Behandlung des charakteristischen Anfangswertproblems bei einer hyperbolischen Differentialgleichung $z_{xy} = f(x, y, z, p, q)$[1])

Durch Übertragung der u. a. von G. Dahlquist und P. Henrici für Anfangswertaufgaben bei gewöhnlichen Differentialgleichungen $y' = (f(x, y(x)),\ y(a) = y_0$, dargestellten Theorie der Einschrittverfahren auf das charakteristische Anfangswertproblem einer hyperbolischen Differentialgleichung zweiter Ordnung $z_{xy} = f(x, y, z, p, q)$ gelingt es, für diese Verfahrensklasse einige grundlegende Eigenschaften nachzuweisen. Das betrifft insbesondere Untersuchungen zur Konvergenz, der Konsistenz- und Konvergenzordnung und des asymptotischen Stabilitätsverhaltens der Einschrittverfahren. Im Ergebnis werden dadurch einige Eigenschaften beispielsweise der Runge-Kutta-Verfahren als spezielle Einschrittverfahren zur numerischen Integration des charakteristischen Anfangswertproblems bei einer hyperbolischen Differentialgleichung $z_{xy} = f(x, y, z, p, q)$ näher charakterisiert.

By means of the extension to the characteristic initial value problem of a second order hyperbolic differential equation $z_{xy} = f(x, y, z, p, q)$ of the theory of one-step procedures represented e.g. by G. Dahlquist and P. Henrici for initial value problems of ordinary differential equations $y' = f(x, y(x)),\ y(a) = y_0$ it is possible to prove fundamental properties of the above mentioned class of problems. This in particular concerns investigations on convergence, the order of consistency and convergence and the asymptotic behaviour of stability for one-step procedures. Essentially some properties of e.g. the Runge-Kutta procedures as special one-step procedures for the numerical integration of the characteristic initial value problem of a hyperbolic differential equation $z_{xy} = f(x, y, z, p, q)$ are characterized in some more details by means of these properties.

Путём переноса теории одношагового метода, изложенной, например, у Г. Дальквиста и П. Хенричи для краевых задач обыкновенных дифференциальных уравнений вида $y' = f(x, y(x))$, $y(a) = y_0$ с начальными условиями на характеристическую задачу с начальными условиями некоторого гиперболического дифференциального уравнения второго порядка $z_{xy} = f(x, y, z, p, q)$ удаётся доказательство для этих классов некоторых принципиальных свойств. Это относится, в особенности, к исследованиям сходимости, порядка совместимости и сходимости, а также к исследованию ассимптотического поведения на устойчивость одношагового метода. На примере метода Рунге-Кутта в качестве результата работы более подробно характеризуются некоторые свойства метода как частного случая одношагового метода для численного интегрирования характеристической краевой задачи с начальными условиями гиперболического дифференциального уравнения $z_{xy} = f(x, y, z, p, q)$.

1. Einleitung

Vorgelegt sei das charakteristische Anfangswertproblem bei einer hyperbolischen Differentialgleichung zweiter Ordnung für eine Funktion von zwei unabhängigen Veränderlichen

$$z_{xy} = f(x, y, z, p, q)\,, \tag{1.1a}$$

$\big($dabei ist $z = z(x, y)$, $p = p(x, y) := z_x(x, y)$, $q = q(x, y) := z_y(x, y)\big)$ mit den Anfangsbedingungen

$$\begin{aligned} &z(a, y) = t(y)\,, \quad z(x, b) = s(x)\,, \quad t(b) = s(a)\,,\\ &(x, y) \in G := \{(x, y)\colon a \leqq x \leqq c,\ b \leqq y \leqq d\}\,. \end{aligned} \tag{1.1b}$$

Es gelte

$$f \mid R^5 \to R; \qquad f, f_x, f_y, f_z, f_p, f_q \in C[G \times R^3];\ ^{2)} \qquad s \in C^1[a, c]; \qquad t \in C^1[b, d]\,. \tag{1.2}$$

Unter den Bedingungen (1.2) ist die lokale Existenz und Eindeutigkeit einer Lösung $z = z^*(x, y)$ von (1.1) gesichert (vgl. z. B. [5]). Gewisse Analogien der Aufgabe (1.1) zum Anfangswertproblem bei der gewöhnlichen Differentialgleichung

$$y'(x) = f\big(x, y(x)\big)\,, \qquad y(a) = y_0\,, \tag{1.3}$$

lassen den Versuch einer Übertragung der Theorie der Einschrittverfahren zur numerischen Behandlung von (1.3) auf die Aufgabenstellung (1.1) als sinnvoll erscheinen. Die dabei auftretenden Probleme lassen sich jedoch nicht immer mit den bisher üblichen Methoden behandeln.

Die im folgenden dargelegte Theorie der Einschrittverfahren zur numerischen Behandlung von (1.1) läßt sich, wie in [9] gezeigt wurde, u. a. zu einer allgemeinen Herleitung von RUNGE-KUTTA-Verfahren benutzen. Die von J. T. DAY [2], [3], J. B. DIAZ [4], R. H. MOORE [8], C. STIMBERG [10] und S. FILIPPI, C. STIMBERG [6] angegebenen RUNGE-KUTTA-Verfahren ordnen sich ebenfalls in die hier eingeführte Klasse der Einschrittverfahren ein,

2. Definitionen

Es seien Funktionen $\Phi_i(x, y, z, p, q; h_1, h_2)$, $i = 1, 2, 3$, für alle $(x, y) \in G$, $-\infty < z, p, q < \infty$, $0 \leqq h_1 \leqq H_1$, $0 \leqq h_2 \leqq H_2$, $H_1 > 0$, $H_2 > 0$ definiert. Dann heißt das Verfahren

$$\begin{aligned} z_{n+1,m+1} &= z_{n+1,m} + z_{n,m+1} - z_{n,m} + h_1 h_2 \Phi_1(x_n, y_m, z_{n,m}, p_{n,m}, q_{n,m}; h_1, h_2)\,,\\ p_{n+1,m+1} &= p_{n+1,m} + h_2 \Phi_2(x_n, y_m, z_{n,m}, p_{n,m}, q_{n,m}; h_1, h_2)\,,\\ q_{n+1,m+1} &= q_{n,m+1} + h_1 \Phi_3(x_n, y_m, z_{n,m}, p_{n,m}, q_{n,m}; h_1, h_2)\,, \quad n = 0(1)\,N_1 - 1\,, \quad m = 0(1)\,N_2 - 1\,, \end{aligned} \tag{2.1a}$$

[1]) Die in dieser Arbeit entwickelten Ergebnisse stellen eine Verallgemeinerung der in [9] für die einfachere Differentialgleichung $z_{xy} = f(x, y, z)$ dargelegten Theorie der Einschrittverfahren dar.

[2]) Zum Beispiel bedeutet $f_z = \partial f(x, y, z, p, q)/\partial z$.

mit den Anfangsbedingungen

$$\begin{aligned} z_{n,0} &= s(a + nh_1)\,, \quad & p_{n,0} &= s'(a + nh_1) \quad \text{für} \quad n = 0(1)\,N_1\,, \\ z_{0,m} &= t(b + mh_2)\,, \quad & q_{0,m} &= t'(b + mh_2) \quad \text{für} \quad m = 0(1)\,N_2 \end{aligned} \tag{2.1b}$$

für ein Gitter

$$G^* := \{(x_n, y_m) : x_n = a + nh_1, y_m = b + mh_2, x_{N_1} = c, y_{N_2} = d, n = 0(1)\,N_1, m = 0(1)\,N_2\}$$

der Maschenweiten (h_1, h_2) *Einschrittverfahren* zur näherungsweisen Lösung von (1.1). Die Anfangswerte $q_{n,0}$ und $p_{0,m}$ werden aus

$$\frac{\mathrm{d}}{\mathrm{d}y} p(a, y) = f\big(a, y, t(y), p(a, y), t'(y)\big)$$

und

$$\frac{\mathrm{d}}{\mathrm{d}x} q(x, b) = f\big(x, b, s(x), s'(x), q(x, b)\big) \tag{2.2}$$

z. B. mit einem Einschrittverfahren für Anfangswertaufgaben bei gewöhnlichen Differentialgleichungen näherungsweise mit

$$q(a, b) = t'(b) \quad \text{und} \quad p(a, b) = s'(a)$$

berechnet.

Die Funktion $(\Phi_1, \Phi_2, \Phi_3)^{\mathsf{T}}$ wird als *Zuwachsfunktion* des Verfahrens bezeichnet. Mit der Zuwachsfunktion

$$(\Phi_1, \Phi_2, \Phi_3)^{\mathsf{T}} = (\Phi, \Phi, \Phi)\,, \qquad \Phi(x, y, z, p, q; h_1, h_2) = f(x, y, z, p, q)\,,$$

erhält man als Einschrittverfahren das Euler-Cauchy-Polygonzugverfahren (vgl. [4]) für die Aufgabe (1.1).

Das Einschrittverfahren (2.1) heißt gegen $z = z^*(x, y)$ *konvergent*, falls für jedes $(x, y) \in G$, x, y fest, und jedes $s(x)$, $t(y)$, $s(a) = t(b)$ und $f(x, y, z, p, q)$

$$\lim_{\substack{(h_1, h_2) \to (0,0) \\ x_n = x,\, y_m = y}} (z_{n,m}, p_{n,m}, q_{n,m})^{\mathsf{T}} = \big(z^*(x, y), p^*(x, y), q^*(x, y)\big)^{\mathsf{T}} \tag{2.3}$$

ist, wobei $z = z^*(x, y)$ die Lösung von (1.1) ist und $p^*(x, y) = z_x^*(x, y)$, $q^*(x, y) = z_y^*(x, y)$ gilt. Für den Grenzübergang gilt dabei:

$$h_1 \to 0, n \to \infty \quad \text{mit} \quad nh_1 = x - a \quad \text{und} \quad h_2 \to 0, m \to \infty \quad \text{mit} \quad mh_2 = y - b\,.$$

Sei $(x, y) \in G$ beliebig und $u(v, w)$ die Lösung von $u_{vw} = f(v, w, u, u_v, u_w)$, die den Bedingungen

$$u(x, w) = \tilde{t}(w)\,, \quad u(v, y) = \tilde{s}(v)\,, \quad \tilde{t}(y) = \tilde{s}(x) = z\,, \quad \tilde{s}'(x) = p\,, \quad \tilde{t}'(y) = q\,,$$
$$(y \leqq w \leqq y + h_2,\ x \leqq v \leqq x + h_1,\ s \in C^1[x, x + h_1],\ t \in C^1[y, y + h_2])\,,$$

genügt. Dann heißt die Funktion $(\Delta_1, \Delta_2, \Delta_3)^{\mathsf{T}}$ der *exakte relative Zuwachs* der Lösung von (1.1), wobei

$$\Delta_1(x, y, z, p, q; h_1, h_2) = \begin{cases} \dfrac{u(x + h_1, y + h_2) - u(x + h_1, y) - u(x, y + h_2) + z}{h_1 h_2}, & h_1 \neq 0, h_2 \neq 0 \\[2mm] \dfrac{u_v(x, y + h_2) - p}{h_2}, & h_1 = 0, h_2 \neq 0 \\[2mm] \dfrac{u_w(x + h_1, y) - q}{h_1}, & h_1 \neq 0, h_2 = 0 \\[2mm] f(x, y, z, p, q)\,, & h_1 = 0, h_2 = 0; \end{cases}$$

$$\Delta_2(x, y, z, p, q; h_1, h_2) = \begin{cases} \dfrac{u_v(x + h_1, y + h_2) - \tilde{s}'(x + h_1)}{h_2}, & h_1 \text{ bel.}, h_2 \neq 0 \\[2mm] \dfrac{\tilde{s}'(x + h_1) - p}{h_1}, & h_1 \neq 0, h_2 = 0 \\[2mm] f(x, y, z, p, q)\,, & h_1 = 0, h_2 = 0; \end{cases} \tag{2.4}$$

$$\Delta_3(x, y, z, p, q; h_1, h_2) = \begin{cases} \dfrac{u_w(x + h_1, y + h_2) - \tilde{t}'(y + h_2)}{h_1}, & h_1 \neq 0, h_2 \text{ bel.} \\[2mm] \dfrac{\tilde{t}'(y + h_2) - q}{h_2}, & h_1 = 0, h_2 \neq 0 \\[2mm] f(x, y, z, p, q)\,, & h_1 = 0, h_2 = 0 \end{cases}$$

ist. Die Funktion

$$\tau(x, y; h_1, h_2) = \big(\tau_1(x, y; h_1, h_2), \tau_2(x, y; h_1, h_2), \tau_3(x, y; h_1, h_2)\big)^{\mathsf{T}}$$

mit

$$\begin{aligned}
\tau_1(x, y; h_1, h_2) &= h_1h_2\big(\Delta_1(x, y, z^*, p^*, q^*; h_1, h_2) - \Phi_1(x, y, z^*, p^*, q^*; h_1, h_2)\big)\,,\\
\tau_2(x, y; h_1, h_2) &= h_2\big(\Delta_2(x, y, z^*, p^*, q^*; h_1, h_2) - \Phi_2(x, y, z^*, p^*, q^*; h_1, h_2)\big)\,,\\
\tau_3(x, y; h_1, h_2) &= h_1\big(\Delta_3(x, y, z^*, p^*, q^*; h_1, h_2) - \Phi_3(x, y, z^*, p^*, q^*; h_1, h_2)\big)
\end{aligned} \tag{2.5}$$

heißt der *lokale Abschneidefehler* oder Diskretisierungsfehler von (2.1) $\big(z = z^*(x, y)$ ist die Lösung von (1.1)$\big)$. Seien Φ_i, $i = 1, 2, 3$, stetig. Das Verfahren (2.1) heißt *konsistent* mit der Aufgabe (1.1), wenn

$$\lim_{(h_1,h_2)\to(0,0)} \left(\frac{\tau_1(x, y; h_1, h_2)}{h_1h_2}, \frac{\tau_2(x, y; h_1, h_2)}{h_2}, \frac{\tau_3(x, y; h_1, h_2)}{h_1}\right)^{\mathsf T} = (0, 0, 0)^{\mathsf T} \tag{2.6}$$

gilt, d. h., wenn $\Phi_i(x, y, z^*, p^*, q^*; 0, 0) = f(x, y, z^*, p^*, q^*)$ für $i = 1, 2, 3$ ist. Das Verfahren (2.1) besitzt die *Konsistenzordnung* R, wenn R die größte ganze Zahl ist, für die

$$\big(\tau_1(x, y; h_1, h_2), \tau_2(x, y; h_1, h_2), \tau_3(x, y; h_1, h_2)\big)^{\mathsf T} = \big(O(H^{R+2}), O(H^{R+1}), O(H^{R+1})\big)^{\mathsf T} \tag{2.7}$$

ist, wobei $H := \max(h_1, h_2)$ gesetzt wird.

3. Zur Konvergenz der Einschrittverfahren

Bevor einige Aussagen über die Konvergenz und Stabilität der Einschrittverfahren folgen, seien zwei Hilfssätze angegeben, die dann insbesondere zur Lösung der auftretenden partiellen Differenzenungleichungssysteme herangezogen werden.

Lemma 3.1: *$u_{n,m}$, $v_{n,m}$, $w_{n,m}$ mögen dem partiellen Differenzenungleichungssystem*

$$\begin{aligned}
&u_{n+1,m} + u_{n,m+1} - u_{n,m} - h_1h_2A_1(|u_{n,m}| + |v_{n,m}| + |w_{n,m}|) - h_1h_2B_1 \leqq\\
&\leqq u_{n+1,m+1} \leqq u_{n+1,m} + u_{n,m+1} - u_{n,m} + h_1h_2A_1(|u_{n,m}| + |v_{n,m}| + |w_{n,m}|) + h_1h_2B_1\,, &(3.1\text{a})\\
&|v_{n+1,m+1}| \leqq |v_{n+1,m}| + h_2A_2(|u_{n,m}| + |v_{n,m}| + |w_{n,m}|) + h_2B_2\,, &(3.1\text{b})\\
&|w_{n+1,m+1}| \leqq |w_{n,m+1}| + h_1A_3(|u_{n,m}| + |v_{n,m}| + |w_{n,m}|) + h_1B_3\,, &(3.1\text{c})\\
&n = 0(1)\,N_1 - 1,\ m = 0(1)\,N_2 - 1
\end{aligned}$$

mit den Anfangsbedingungen

$$\left.\begin{aligned}
u_{n,0} &= 0\,, & v_{n,0} &= 0 \quad \text{für} \quad n = 0(1)\,N_1\,,\\
u_{0,m} &= 0\,, & w_{0,m} &= 0 \quad \text{für} \quad m = 0(1)N_2
\end{aligned}\right\} \tag{3.1d}$$

genügen. Dabei seien

$$A_1, A_2, A_3 > 0\,, \qquad B_1, B_2, B_3 \geqq 0\,. \tag{3.2}$$

$U_{n,m}$, $V_{n,m}$, $W_{n,m}$ seien Lösungen des partiellen Differenzenungleichungssystems

$$\begin{aligned}
&U_{n+1,m+1} \geqq U_{n+1,m} + U_{n,m+1} - U_{n,m} + h_1h_2A_1(U_{n,m} + V_{n,m} + W_{n,m}) + h_1h_2B_1\,, &(3.3\text{a})\\
&V_{n+1,m+1} \geqq V_{n+1,m} + h_2A_2(U_{n,m} + V_{n,m} + W_{n,m}) + h_2B_2\,, &(3.3\text{b})\\
&W_{n+1,m+1} \geqq W_{n,m+1} + h_1A_3(U_{n,m} + V_{n,m} + W_{n,m}) + h_1B_3\,, &(3.3\text{c})\\
&n = 0(1)N_1-1,\ m = 0(1)N_2-1\,,
\end{aligned}$$

die den Anfangsbedingungen

$$\left.\begin{aligned}
U_{n,0} &= 0\,, & V_{n,0} &= 0\,, & |w_{n,0}| &\leqq W_{n,0} \quad \text{für} \quad n = 0(1)N_1\,,\\
U_{0,m} &= 0\,, & W_{0,m} &= 0\,, & |v_{0,m}| &\leqq V_{0,m} \quad \text{für} \quad m = 0(1)N_2
\end{aligned}\right\} \tag{3.3d}$$

genügen. Dann gilt

$$|u_{n,m}| \leqq U_{n,m}\,, \qquad |v_{n,m}| \leqq V_{n,m}\,, \qquad |w_{n,m}| \leqq W_{n,m} \tag{3.4}$$

für $n = 0(1)N_1$, $m = 0(1)N_2$.

Beweis: Neben (3.4) wird

$$u_{n,m+1} - u_{n,m} \leqq U_{n,m+1} - U_{n,m} \qquad \text{(I)}$$

induktiv nachgewiesen[3]). Für $n = 0$, $m = 0(1)\text{N}_2$ und $n = 0(1)\text{N}_1$, $m = 0$, gelten (3.4) und (I) offensichtlich. Unter der Induktionsannahme

$$\begin{aligned}
&|u_{n,m}| \leqq U_{n,m}\,, \quad |v_{n,m}| \leqq V_{n,m}\,, \quad |w_{n,m}| \leqq W_{n,m}\,, \quad |u_{n,m+1}| \leqq U_{n,m+1}\,,\\
&|u_{n+1,m}| \leqq U_{n+1,m}\,, \quad |v_{n+1,m}| \leqq V_{n+1,m}\,, \quad |w_{n,m+1}| \leqq W_{n,m+1}\,,\\
&u_{n,m+1} - u_{n,m} \leqq U_{n,m+1} - U_{n,m}
\end{aligned}$$

[3]) Gleichermaßen läßt sich auch $u_{n+1,m} - u_{n,m} \leqq U_{n+1,m} - U_{n,m}$ zeigen.

wird im folgenden gezeigt, daß dann auch

$$|u_{n+1,m+1}| \leqq U_{n+1,m+1} \qquad \text{(II)},$$
$$|v_{n+1,m+1}| \leqq V_{n+1,m+1} \qquad \text{(III)},$$
$$|w_{n+1,m+1}| \leqq W_{n+1,m+1} \qquad \text{(IV)};$$
$$u_{n+1,m+1} - u_{n+1,m} \leqq U_{n+1,m+1} - U_{n+1,m} \qquad \text{(V)}$$

gilt. Mit (3.1b, c), (3.3b, c) und der Induktionsannahme folgen (III) und (IV) wegen (3.2) sofort.

Betrachten wir schließlich von (3.1a) die Ungleichung:

$$u_{n+1,m+1} - u_{n+1,m} - u_{n,m+1} + u_{n,m} \leqq h_1 h_2 A_1(|u_{n,m}| + |v_{n,m}| + |w_{n,m}|) + h_1 h_2 B_1 .$$

Über die Induktionsvoraussetzung läßt sich unter Beachtung von (3.1d) weiter abschätzen

$$u_{n+1,m+1} - u_{n+1,m} - u_{n,m+1} + u_{n,m} \leqq h_1 h_2 A_1(U_{n,m} + V_{n,m} + W_{n,m}) + h_1 h_2 B_1$$

und schließlich mit (3.3a)

$$u_{n+1,m+1} - u_{n+1,m} - u_{n,m+1} + u_{n,m} \leqq U_{n+1,m+1} - U_{n+1,m} - U_{n,m+1} + U_{n,m} .$$

Somit gilt

$$u_{n+1,m+1} \leqq U_{n+1,m+1} - (U_{n,m+1} - u_{n,m+1} - U_{n,m} + u_{n,m}) - U_{n+1,m} + u_{n+1,m}$$

und unter Beachtung der Induktionsannahme

$$u_{n+1,m+1} \leqq U_{n+1,m+1} .$$

Aus der anderen Ungleichung von (3.1a) folgt auf ähnliche Weise

$$u_{n+1,m+1} \geqq - U_{n+1,m+1} ,$$

womit $|u_{n+1,m+1}| \leqq U_{n+1,m+1}$ ist und (II) gezeigt wurde. Zum Nachweis von (V) betrachten wir nochmals (3.1a)

$$u_{n+1,m+1} - u_{n+1,m} \leqq u_{n,m+1} - u_{n,m} + h_1 h_2 A_1(|u_{n,m}| + |v_{n,m}| + |w_{n,m}|) + h_1 h_2 B_1 .$$

Mit (3.3a) erhält man

$$u_{n+1,m+1} - u_{n+1,m} \leqq u_{n,m+1} - u_{n,m} + h_1 h_2 A_1(U_{n,m} + V_{n,m} + W_{n,m}) + h_1 h_2 B_1 .$$

Durch Abschätzung der rechten Seite über die Induktionsannahme (I) ergibt sich

$$u_{n+1,m+1} - u_{n+1,m} \leqq U_{n,m+1} - U_{n,m} + h_1 h_2 A_1(U_{n,m} + V_{n,m} + W_{n,m}) + h_1 h_2 B_1$$

und mit (3.3a)

$$u_{n+1,m+1} + u_{n+1,m} \leqq U_{n+1,m+1} - U_{n+1,m} ,$$

so daß auch (V) gezeigt wurde. Somit ist Lemma 3.1 vollständig nachgewiesen.

Lemma 3.2: *Sei* $(u^*(x, y), v^*(x, y), w^*(x, y))^\mathsf{T}$ *die Lösung des partiellen Differentialgleichungssystems*

$$u_{xy} = A_1(u + v + w) + B_1 , \qquad v_y = A_2(u + v + w) + B_2 , \qquad w_x = A_3(u + v + w) + B_3 \tag{3.5a}$$

mit den Anfangsbedingungen

$$\begin{aligned} u(a, y) &= 0 , \quad w(a, y) = 0 \quad \text{für} \quad y \in [b, d] , \\ u(x, b) &= 0 , \quad v(x, b) = 0 \quad \text{für} \quad x \in [a, c] . \end{aligned} \tag{3.5b}$$

Seien

$$A_i > 0 , \qquad B_i \geqq 0 \qquad \text{für} \qquad i = 1, 2, 3 . \tag{3.6}$$

Ferner gelte mit $V_{0,m}$, $W_{n,0}$ *aus* (3.3)

$$V_{0,m} \leqq \frac{B_2}{A_2}(e^{A_2(y_m - b)} - 1) \quad \text{für} \quad m = 0(1)N_2 \quad \text{und} \tag{3.7a}$$

$$W_{n,0} \leqq \frac{B_3}{A_3}(e^{A_3(x_n - a)} - 1) \quad \text{für} \quad n = 0(1)N_1 . \tag{3.7b}$$

Dann erfüllt die Lösung von (3.5) *das partielle Differenzenungleichungssystem* (3.3) *mit*

$$(u^*(x_n, y_m) , v^*(x_n, y_m) , w^*(x_n, y_m))^\mathsf{T} = (U_{n,m}, V_{n,m}, W_{n,m})^\mathsf{T} .$$

Beweis: Nach Überführung des Differentialgleichungssystems (3.5) in ein Integralgleichungsproblem zeigt man — beispielsweise durch das Verfahren der sukzessiven Approximation (vgl. z. B. KAMKE, E.: Differentialgleichungen, II) — die Existenz und Eindeutigkeit einer Lösung $(u^*(x, y), v^*(x, y), w^*(x, y))^\mathsf{T}$. Für diese gilt u. a.

$$v^*(a, y) = \frac{B_2}{A_2}(e^{A_2(y-b)} - 1) \quad \text{und} \quad w^*(x, b) = \frac{B_3}{A_3}(e^{A_3(x-a)} - 1) . \tag{3.8}$$

Setzt man $u(x, y) + v(x, y) + w(x, y) =: g(x, y)$, so erhält man aus (3.5a) die Differentialgleichung

$$g_{xy} - A_3 g_y - A_2 g_x - A_1 g = B_1 . \tag{3.9}$$

Für $g(x, y)$ gelten mit (3.8) wegen (3.5b) die Anfangsbedingungen

$$g(a, y) = v(a, y)\,, \qquad y \in [b, d]\,, \qquad \text{und}$$
$$g(x, b) = w(x, b)\,, \qquad x \in [a, c]\,, \qquad \text{sowie} \qquad g(a, b) = 0\,.$$

Die Lösung von (3.5) lautet folglich

$$\begin{aligned} u^*(x, y) &= B_1(x-a)(y-b) + A_1 \int_a^x \int_b^y g^*(\xi, \eta)\,d\eta\,d\xi\,, \\ v^*(x, y) &= B_2(y-b) + A_2 \int_b^y g^*(x, \eta)\,d\eta\,, \\ w^*(x, y) &= B_3(x-a) + A_3 \int_a^x g^*(\xi, y)\,d\xi\,, \end{aligned} \tag{3.10}$$

wobei $g^*(x, y)$ die Lösung von (3.9) ist. Durch Anwendung der RIEMANNschen Integrationsmethode folgt unter Beachtung der Anfangsbedingungen für die Lösung von (3.9)

$$g^*(\xi, \eta) = \int_a^\xi \int_b^\eta B_1 R(x, y; \xi, \eta)\,dy\,dx + \int_a^\xi \{w_x(s, b) - A_3 w(x, b)\}\, R(x, b; \xi, \eta)\,dx +$$
$$+ \int_b^\eta \{v_y(a, y) - A_2 v(a, y)\}\, R(a, y; \xi, \eta)\,dy \tag{3.11a}$$
$$= \int_a^\xi \int_b^\eta B_1 R(x, y; \xi, \eta)\,dy\,dx + \int_a^\xi B_3 R(x, b; \xi, \eta)\,dx + \int_b^\eta B_2 R(a, y; \xi, \eta)\,dy \tag{3.11b}$$

mit der RIEMANN-Funktion

$$R(x, y; \xi, \eta) = e^{-A_2(y-\eta)-A_3(x-\xi)} \cdot I_0\left(2\sqrt{(A_1 + A_2A_3)(x-\xi)(y-\eta)}\right).\text{[4]} \tag{3.11c}$$

Aus (3.11b) ersieht man mit (3.6), daß $g^*(\xi, \eta) \geqq 0$ ist. Somit sind auch $u^*(x, y) \geqq 0$, $v^*(x, y) \geqq 0$ und $w^*(x, y) \geqq 0$. Aus (3.11b) erhält man mit (3.11c) und (3.6) $g^*_\xi(\xi, \eta) \geqq 0$ und $g^*_\eta(\xi, \eta) \geqq 0$. Also ist unter den Voraussetzungen von Lemma 3.2 auch $u^*_{xxy} \geqq 0$, $u^*_{xyy} \geqq 0$, $v^*_{xy} \geqq 0$, $v^*_{yy} \geqq 0$, $w^*_{xy} \geqq 0$ und $w^*_{xx} \geqq 0$. Die Behauptung von Lemma 3.2 erhält man nun nach TAYLOR-Entwicklung von $u^*(x_n + h_1, y_m + h_2)$, $v^*(x_n + h_1, y_m + h_2)$ und $w^*(x_n + h_1, y_m + h_2)$ um (x_n, y_m).

Nach Voraussetzung ist $A_1, A_2, A_3 > 0$ und folglich auch $R(x, y; \xi, \eta) \geqq 0$. Ferner gilt mit (3.8), $g^*(a, y) \geqq 0$, $g^*(x, b) \geqq 0$ und $g(a, b) = 0$. Somit läßt sich in (3.11a) abschätzen

$$g^*(\xi, \eta) \leqq \int_a^\xi \int_b^\eta B_1 R(x, y; \xi, \eta)\,dy\,dx + \int_a^\xi g^*_x(x, b)\, R(x, b; \xi, \eta)\,dx + \int_b^y g^*_y(a, y)\, R(a, y; \xi, \eta)\,dy\,.$$

Da nach (3.8) auch $g^*_y(a, y) \geqq 0$ und $g^*_x(x, b) \geqq 0$ ist, erhält man über den Mittelwertsatz der Integralrechnung wegen der Monotonie der Exponentialfunktion und der modifizierten BESSEL-Funktion I_0

$$g^*(\xi, \eta) \leqq \frac{B_1}{A_1 + A_2A_3} e^{A_2(\eta-b)+A_3(\xi-a)} \left(I_0(\sqrt{2(A_1 + A_2A_3)(\xi-a)(\eta-b)}) - 1\right) +$$
$$+ e^{A_2(\eta-b)+A_3(\xi-a)} I_0\left(2\sqrt{(A_1 + A_2A_3)(\xi-a)(\eta-b)}\right) \left(v(a, y) + w(x, b)\right).$$

Die Lösung von (3.5) läßt sich somit abschätzen durch

$$u^*(x, y) \leqq e^{A_2(y-b)+A_3(x-a)} \Bigg[\left(I_0(2\sqrt{(A_1 + A_2A_3)(x-a)(y-b)}) - 1\right) \times$$
$$\times \left(\frac{B_1}{A_1 + A_2A_3} + \frac{B_3}{A_3}(e^{A_3(x-a)} - 1) + \frac{B_2}{A_2}(e^{A_2(y-b)} - 1)\right)\Bigg] =: U(x, y)$$

$$v^*(x, y) \leqq e^{A_3(x-a)} \Bigg[\frac{B_1}{A_1 + A_2A_3} \left(I_0(2\sqrt{(A_1 + A_2A_3)(x-a)(y-b)}) - 1\right)(e^{A_2(y-b)} - 1) +$$
$$+ I_0\left(2\sqrt{(A_1 + A_2A_3)(x-a)(y-b)}\right) \left(\frac{B_3}{A_3}(e^{A_2(y-b)} - 1)(e^{A_3(x-a)} - 1) + \frac{B_2}{A_2}(e^{A_2(y-b)} - 1)\, e^{A_2(y-b)}\right)\Bigg]$$
$$=: V(x, y)\,,$$

$$w^*(x, y) \leqq e^{A_2(y-b)} \Bigg[\frac{B_1}{A_1 + A_2A_3} \left(I_0(2\sqrt{(A_1 + A_2A_3)(x-a)(y-b)}) - 1\right)(e^{A_3(x-a)} - 1) +$$
$$+ I_0\left(2\sqrt{(A_1 + A_2A_3)(x-a)(y-b)}\right) \Bigg(\frac{B_3}{A_3}(e^{A_3(x-a)} - 1)\, e^{A_3(x-a)} +$$
$$+ \frac{B_2}{A_2}(e^{A_2(y-b)} - 1)(e^{A_3(x-a)} - 1)\Bigg)\Bigg] =: W(x, y)\,. \tag{3.12}$$

[4]) $I_0(z) = \sum_{k=0}^{\infty} \frac{(z/2)^{2k}}{k!k!}$, modifizierte BESSEL-Funktion erster Art nullter Ordnung.

Aus Lemma 3.1 und 3.2 ersieht man, daß $(U(x, y), V(x, y), W(x, y))^T$ aus (3.12) die Lösungen des partiellen Differenzenungleichungssystems (3.1) betragsmäßig einschließen, falls

$$|v_{0,m}| \leqq \frac{B_2}{A_2}(e^{A_2(y_m-b)} - 1) \quad \text{für} \quad m = 0(1)N_2$$

und (3.13)

$$|w_{n,0}| \leqq \frac{B_3}{A_3}(e^{A_3(x_n-a)} - 1) \quad \text{für} \quad n = 0(1)N_1$$

gilt. Aus dieser Bedingung wird schließlich eine Forderung an die Wahl der Einschrittverfahren zur Lösung von (2.2) hergeleitet.

Mit diesen vorbereitetenden Bemerkungen lassen sich Aussagen über die Konvergenz und Stabilität der Einschrittverfahren (2.1) treffen.

Konvergenzsatz: *Die Funktionen $\Phi_i(x, y, z, p, q; h_1, h_2)$, $i = 1, 2, 3$, seien über*

$$\{(x, y, z, p, q; h_1, h_2): (x, y) \in G, -\infty < z, p, q < \infty, 0 \leqq h_1 \leqq H_1, \quad 0 \leqq h_2 \leqq H_2, H_1 > 0, H_2 > 0\}$$

stetig und beschränkt. Es gebe eine nichtnegative Konstante L_1 mit (LIPSCHITZ-*Bedingung*)

$$|\Phi_i(x, y, z, p, q; h_1, h_2) - \Phi_i(x, y, \tilde{z}, \tilde{p}, \tilde{q}; h_1, h_2)| \leqq L_1(|z - \tilde{z}| + |p - \tilde{p}| + |q - \tilde{q}|), \quad i = 1, 2, 3, \tag{3.14}$$

für

$$(x, y) \in G, \quad -\infty < z, \tilde{z}, p, \tilde{p}, q, \tilde{q} < \infty, \quad 0 \leqq h_1 \leqq H_1, \quad 0 \leqq h_2 \leqq H_2. \tag{3.15}$$

Es gelte $\Phi_i(x, y, z, p, q; 0, 0) =: \Phi(x, y, z, p, q; 0, 0)$ für $i = 1, 2, 3$. Die Anfangsnäherungen $p_{0,m}$, $m = 0(1)N_2$ werden aus den gewöhnlichen Differentialgleichungen (2.2) *mit einem Einschrittverfahren (dessen Zuwachsfunktion $\tilde{\Phi}_2$ einer* LIPSCHITZ-*Bedingung mit einer* LIPSCHITZ-*Konstanten L_2 genügt) der Konsistenzordnung $p_2 \geqq 1$ und die Anfangsnäherungen $q_{n,0}$, $n = 0(1)N_1$, aus* (2.2) *mit einem Einschrittverfahren für gewöhnliche Differentialgleichungen (dessen Zuwachsfunktion $\tilde{\Phi}_3$ einer* LIPSCHITZ-*Bedingung mit der* LIPSCHITZ-*Konstanten L_3 genügt) der Konsistenzordnung $p_3 \geqq 1$ ermittelt.*

Dann ist das Einschrittverfahren (2.1) *genau dann konvergent, wenn die Konsistenz-Bedingung*

$$\Phi(x, y, z^*, p^*, q^*; 0, 0) = f(x, y, z^*, p^*, q^*) \tag{3.16}$$

erfüllt ist.

Beweis: Seien $L := \max(L_1, L_2, L_3)$ und $g(x, y, w, w_x, w_y) := \Phi(x, y, w, w_x, w_y; 0, 0)$. Dann besitzt die Aufgabe

$$w_{xy} = g(x, y, w, w_x, w_y) =: G(x, y) \tag{3.17a}$$

mit den Anfangsbedingungen

$$w(x, b) = s(x), \quad w(a, y) = t(y), \quad s(a) = t(b) \tag{3.17b}$$

wegen der vorausgesetzten stetigen Differenzierbarkeit von $s(x)$ und $t(y)$, $s(a) = t(b)$, der Beschränktheit von Φ und der LIPSCHITZ-Bedingung (3.14) nach einem bekannten Existenz- und Eindeutigkeitssatz (vgl. z. B. [5]) genau eine stetig differenzierbare Lösung $w = w^*(x, y)$. Es werde (3.18) mit dem Einschrittverfahren (2.1) unter Beachtung der Anfangsbedingungen

$$z_{0,m} = w^*(a, b + mh_2) = t(b + mh_2), \quad q_{0,m} = t'(b + mh_2), \quad m = 0(1)N_2,$$
$$z_{n,0} = w^*(a + nh_1, b) = s(a + nh_1), \quad p_{n,0} = s'(a + nh_1), \quad n = 0(1)N_1$$

gelöst, wobei die Anfangswerte $q_{n,0}$ und $p_{0,m}$ in der oben genannten Weise bestimmt werden. Dann gilt für den Fehler

$(e^1_{n,m}, e^2_{n,m}, e^3_{n,m})^T$ mit

$$e^1_{n,m} := w^*(x_n, y_m) - z_{n,m}, \quad e^2_{n,m} := w^*_x(x_n, y_m) - p_{n,m}, \quad e^3_{n,m} := w^*_y(x_n, y_m) - q_{n,m} \tag{3.18}$$

mit gewissen positiven Konstanten M_2 und M_3

$$|e^2_{0,m}| \leqq \frac{M_2}{L} h_2^{p_2} (e^{L(y_m-b)} - 1) \tag{3.19}$$

und

$$|e^3_{n,0}| \leqq \frac{M_3}{L} h_1^{p_3} (e^{L(x_n-a)} - 1). \tag{3.20}$$

Für den Fehler (3.18) gelten dann mit (2.1) die Beziehungen

$$e^1_{n+1,m+1} = w^*(x_n + h_1, y_m + h_2) - z_{n+1,m+1} = e^1_{n+1,m} + e^1_{n,m+1} - e^1_{n,m} +$$
$$+ h_1 h_2 \left[\frac{w^*(x_n + h_1, y_m + h_2) - w^*(x_n + h_1, y_m) - w^*(x_n, y_m + h_2) + w^*(x_n, y_m)}{h_1 h_2} - \right.$$
$$\left. - \Phi_1(x_n, y_m, z_{n,m}, p_{n,m}, q_{n,m}; h_1, h_2)\right];$$

$$e^2_{n+1,m+1} = e^2_{n+1,m} + h_2\left[\frac{w^*_x(x_n+h_1, y_m+h_2) - w^*_x(x_n+h_1, y_m)}{h_2} - \Phi_2(x_n, y_m, z_{n,m}, p_{n,m}, q_{n,m}; h_1, h_2)\right],$$

$$e^3_{n+1,m+1} = e^3_{n,m+1} + h_1\left[\frac{w^*_y(x_n+h_1, y_m+h_2) - w^*_y(x_n, y_m+h_2)}{h_1} - \Phi_3(x_n, y_m, z_{n,m}, p_{n,m}, q_{n,m}; h_1, h_2)\right]. \tag{3.21}$$

Unter Beachtung der Anfangswerte (3.17b) ist

$$\begin{aligned} e^1_{0,m} &= 0, \quad e^3_{0,m} = 0, \quad m = 0(1)N_2, \\ e^1_{n,0} &= 0, \quad e^2_{n,0} = 0, \quad n = 0(1)N_1. \end{aligned} \tag{3.22}$$

Zu zeigen ist, daß insbesondere mit (3.22) und (3.19)/(3.20) für $(h_1, h_2) \to (0, 0)$

$$(e^1_{n,m}, e^2_{n,m}, e^3_{n,m})^{\mathsf T} \to (0, 0, 0)^{\mathsf T}$$

folgt, womit das Einschrittverfahren (2.1) gegen $w^*(x, y)$ konvergiert. Da $w^*(x, y)$ stetige Ableitungen w^*_x, w^*_y, und w^*_{xy} besitzt, gilt nach dem Satz von SCHWARZ

$$\frac{w^*(x_n+h_1, y_m+h_2) - w^*(x_n+h_1, y_m) - w^*(x_n, y_m+h_2) + w^*(x_n, y_m)}{h_1h_2}$$

$$= w^*_{xy}(x_n+\vartheta_1h_1, y_m+\vartheta_2h_2) = G(x_n+\vartheta_1h_1, y_m+\vartheta_2h_2), \quad 0 < \vartheta_1, \vartheta_2 < 1,$$

$$\frac{w^*_x(x_n+h_1, y_m+h_2) - w^*_x(x_n+h_1, y_m)}{h_2} = w^*_{xy}(x_n+h_1, y_m+\vartheta_3h_2) =$$

$$= G(x_n+h_1, y_m+\vartheta_3h_2), \quad 0 < \vartheta_3 < 1,$$

$$\frac{w^*_y(x_n+h_1, y_m+h_2) - w^*_y(x_n, y_m+h_2)}{h_1} = w^*_{xy}(x_n+\vartheta_4h_1, y_m+h_2) =$$

$$= G(x_n+\vartheta_4h_1, y_m+h_2), \quad 0 < \vartheta_4 < 1.$$

Für (3.21) erhält man folglich

$$\begin{aligned} e^1_{n+1,m+1} = {} & e^1_{n+1,m} + e^1_{n,m+1} - e^1_{n,m} + \\ & + h_1h_2[\Phi_1(x_n, y_m), w^*_x(x_n, y_m), w^*_y(x_n, y_m); 0, 0) - \Phi_1(x_n, y_m, z_{n,m}, p_{n,m}, q_{n,m}; h_1, h_2) + \\ & + \Phi_1(x_n, y_m, w^*(x_n, y_m), w^*_x(x_n, y_m), w^*_y(x_n, y_m); 0, 0) - \\ & - \Phi_1(x_n, y_m, w^*(x_n, y_m), w^*_x(x_n, y_m), w^*_y(x_n, y_m); h_1, h_2) + \\ & + G(x_n+\vartheta_1h_1, y_m+\vartheta_2h_2) - G(x_n, y_m)], \\ e^2_{n+1,m+1} = {} & e^2_{n+1,m} + \\ & + h_2[\Phi_2(x_n, y_m, w^*(x_n, y_m), w^*_x(x_n, y_m), w^*_y(x_n, y_m); h_1, h_2) - \\ & - \Phi_2(x_n, y_m, z_{n,m}, p_{n,m}, q_{n,m}; h_1, h_2) + \Phi_2(x_n, y_m, w^*(x_n, y_m), w^*_x(x_n, y_m), w^*_y(x_n, y_m); 0, 0) - \\ & - \Phi_2(x_n, y_m, w^*(x_n, y_m), w^*_x(x_n, y_m), w^*_y(x_n, y_m); h_1, h_2) + \\ & + G(x_n+h_1, y_m+\vartheta_3h_2) - G(x_n, y_m)], \\ e^3_{n+1,m+1} = {} & e^3_{n,m+1} + h_1[\Phi_3(x_n, y_m; w^*(x_n, y_m), w^*_x(x_n, y_m), w^*_y(x_n, y_m); h_1, h_2) - \\ & - \Phi_3(x_n, y_m, z_{n,m}, p_{n,m}, q_{n,m}; h_1, h_2) + \\ & + \Phi_3(x_n, y_m, w^*(x_n, y_m), w^*_x(x_n, y_m), w^*_y(x_n, y_m); 0, 0) - \\ & - \Phi_3(x_n, y_m, w^*(x_n, y_m), w^*_x(x_n, y_m), w^*_y(x_n, y_m); h_1, h_2) + \\ & + G(x_n+\vartheta_4h_1, y_m+h_2) - G(x_n, y_m)]. \end{aligned} \tag{3.23}$$

In (3.23) läßt sich abschätzen

$$|[.]| \leq L(|e^1_{n,m}| + |e^2_{n,m}| + |e^3_{n,m}|) + \eta(h_1, h_2), \tag{3.24}$$

wobei

$$\eta(h_1, h_2) := \max\left[\max_{\substack{i=1,2,3\\(x,y)\in G\\0\leq h_1\leq H_1,\,0\leq h_2\leq H_2}} (|\Phi_i(x, y, w^*, w^*_x, w^*_y; 0, 0) - \Phi_i(x, y, w^*, w^*_x, w^*_y; h_1, h_2)|),\right.$$

$$\left.\max_{\substack{(x,y)\in G\\0\leq \bar h_1\leq h_1,\,0\leq \bar h_2\leq h_2}} (G(x+\bar h_1, y+\bar h_2) - G(x, y)),\ M_2h_2^{p_2}, M_3h_1^{p_3}\right]$$

ist. Mit (3.24) folgt aus (3.23) die Einschließung

$$\begin{aligned} & e^1_{n+1,m} + e^1_{n,m+1} - e^1_{n,m} - h_1h_2\, L(|e^1_{n,m}| + |e^2_{n,m}| + |e^3_{n,m}|) - h_1h_2\,\eta(h_1, h_2) \\ & \quad \leq e^1_{n+1,m+1} \leq e^1_{n+1,m} + e^1_{n,m+1} - e^1_{n,m} + h_1h_2\, L(|e^1_{n,m}| + |e^2_{n,m}| + |e^3_{n,m}|) + h_1h_2\,\eta(h_1, h_2), \\ & |e^2_{n+1,m+1}| \leq |e^2_{n+1,m}| + h_2L(|e^1_{n,m}| + |e^2_{n,m}| + |e^3_{n,m}|) + h_2\eta(h_1, h_2), \\ & |e^3_{n+1,m+1}| \leq |e^3_{n,m+1}| + h_1L(|e^1_{n,m}| + |e^2_{n,m}| + |e^3_{n,m}|) + h_1\eta(h_1, h_2). \end{aligned} \tag{3.25}$$

Erst durch diese, gegenüber der Anwendung der Dreiecksungleichung schärfere Abschätzung wird es möglich, für $(h_1, h_2) \to (0, 0)$ $|e^1_{n,m}|$ zu beschränken. Mit (3.25) liegt ein Differenzenungleichungssystem der Gestalt (3.1) vor, das den Anfangsbedingungen (3.22) und (3.19)/(3.20) genügt. Mit den Aussagen von Lemma 3.1 und Lemma 3.2 lassen sich die Lösungen von (3.25) durch (3.12) einschließen (dabei ist $L = A_1 = A_2 = A_3$, $\eta(h_1, h_2) = B_1 = B_2 = B_3$), da durch (3.19)/(3.20) auch (3.13) erfüllt ist. Da zum Abschluß des Beweises gezeigt wird, daß $\lim\limits_{(h_1,h_2)\to(0,0)} \eta(h_1, h_2) = 0$ ist, folgt mit der Beschränktheit der modifizierten BESSEL-Funktion I_0, bei festem $x_n = x, y_m = y$ für $(h_1, h_2) \to (0, 0)$ schließlich

$$(|e^1_{n,m}|, |e^2_{n,m}|, |e^3_{n,m}|)^\mathsf{T} \to (0, 0, 0)^\mathsf{T},$$

d. h. $z_{n,m} \to w^*(x_n, y_m)$, $p_{n,m} \to w^*_x(x_n, y_m)$, $q_{n,m} \to w^*_y(x_n, y_m)$.

1. „$\Rightarrow$“ Die Konsistenzbedingung (3.17) $\Phi(x, y, z^*, p^*, q^*; 0, 0) = f(x, y, z^*, p^*, q^*)$ sei erfüllt. Somit gilt $w^* = z^*$, und nach dem oben Bewiesenen ist das Verfahren (2.1) konvergent.

2. „$\Leftarrow$“ Das Verfahren (2.1) sei konvergent, d. h. $(z_{n,m}, p_{n,m}, q_{n,m})^\mathsf{T} \to (z^*(x, y), p^*(x, y), q^*(x, y))^\mathsf{T}$. Daraus folgt mit der oben bewiesenen Konvergenz $(z_{n,m}, p_{n,m}, q_{n,m})^\mathsf{T} \to (w^*(x, y), w^*_x(x, y), w^*_y(x, y))^\mathsf{T}$ für $x_n = x$, $y_m = y$, $(x, y) \in G$, daß $w^*(x, y) = z^*(x, y)$, $w^*_x(x, y) = p^*(x, y)$, $w^*_y(x, y) = q^*(x, y)$ gilt. Damit ist aber $w^*_{xy} = z^*_{xy}$ und folglich $\Phi(x, y, z^*, p^*, q^*; 0, 0) = f(x, y, z^*, p^*, q^*)$ für alle $x_n = x$, $y_m = y$, d. h. (3.17) ist gültig.

Abschließend wird noch $\lim\limits_{(h_1,h_2)\to(0,0)} \eta(h_1, h_2) = 0$ gezeigt. Da $w = w^*(x, y)$ als Lösung von (3.18) stetig über dem kompakten Gebiet G ist, ist w^* beschränkt. Ebenso sind wegen der Stetigkeit auch w^*_x und w^*_y über G beschränkt, d. h. es gilt beispielsweise $-M \leqq w^*, w^*_x, w^*_y \leqq M$ für $(x, y) \in G$. Somit ist der Definitionsbereich der als stetig vorausgesetzten Funktionen Φ_i, $i = 1, 2, 3$, kompakt, womit das Maximum von Φ_i für $(x, y) \in G$, $0 \leqq h_1 \leqq H_1$, $0 \leqq h_2 \leqq H_2$ existiert. Damit ergibt sich die Behauptung.

4. Zur Konvergenzordnung der Einschrittverfahren

Satz 4.1: *Seien die Voraussetzungen des Konvergenzsatzes erfüllt. Dann läßt sich der Fehler* $(e^1_{n,m}, e^2_{n,m}, e^3_{n,m})^\mathsf{T}$ *mit*

$$e^1_{n,m} := z^*(x_n, y_m) - z_{n,m}, \quad e^2_{n,m} := p^*(x_n, y_m) - p_{n,m},$$
$$e^3_{n,m} := q^*(x_n, y_m) - q_{n,m}$$

wie folgt abschätzen:

$$\begin{aligned}
|e^1_{n,m}| \leqq{}& e^{L(y_m-b)+L(x_n-a)}\Bigg[\left(I_0\left(2\sqrt{L(L+1)(x_n-a)(y_m-b)}\right)-1\right)\left(\frac{\varepsilon_1(h_1,h_2)}{L(L+1)}+\right.\\
&\left.+\frac{\varepsilon_2(h_1,h_2)}{L}\left(e^{L(x_n-a)}-1\right)+\frac{\varepsilon_3(h_1,h_2)}{L}\left(e^{L(y_m-b)}-1\right)\right)\Bigg],\\
|e^2_{n,m}| \leqq{}& e^{L(x_n-a)}\Bigg[\frac{\varepsilon_1(h_1,h_2)}{L(L+1)}\left(e^{L(y_m-b)}-1\right)\left(I_0\left(2\sqrt{L(L+1)(x_n-a)(y_m-b)}\right)-1\right)+\\
&+I_0\left(2\sqrt{L(L+1)(x_n-a)(y_m-b)}\right)\left(\frac{\varepsilon_2(h_1,h_2)}{L}\left(e^{L(y_m-b)}-1\right)e^{L(y_m-b)}+\right.\\
&\left.+\frac{\varepsilon_3(h_1,h_2)}{L}\left(e^{L(y_m-b)}-1\right)\left(e^{L(x_n-a)}-1\right)\right)\Bigg],\\
|e^3_{n,m}| \leqq{}& e^{L(y_m-b)}\Bigg[\frac{\varepsilon_1(h_1,h_2)}{L(L+1)}\left(e^{L(x_n-a)}-1\right)\left(I_0\left(2\sqrt{L(L+1)(x_n-a)(y_m-b)}\right)-1\right)+\\
&+I_0\left(2\sqrt{L(L+1)(x_n-a)(y_m-b)}\right)\left(\frac{\varepsilon_2(h_1,h_2)}{L}\left(e^{L(x_n-a)}-1\right)\left(e^{L(y_m-b)}-1\right)+\right.\\
&\left.+\frac{\varepsilon_3(h_1,h_2)}{L}\left(e^{L(x_n-a)}-1\right)e^{L(x_n-a)}\right)\Bigg],
\end{aligned} \tag{4.1}$$

falls mit positiven ganzen Zahlen R_i, $i = 1, 2, 3$,

$$|\Phi_i(x, y, z^*, p^*, q^*; h_1, h_2) - \Delta_i(x, y, z^*, p^*, q^*; h_1, h_2)| = O(H^{R_i})$$

ist und zur Abkürzung

$$\begin{aligned}
&\varepsilon_1(h_1, h_2) := O(H^{R_1}),\\
&\varepsilon_2(h_1, h_2) := O(H^{\bar R_2}), \quad \bar R_2 := \min(R_2, p_2),\\
&\varepsilon_3(h_1, h_2) := O(H^{\bar R_3}), \quad \bar R_3 := \min(R_3, p_3)
\end{aligned} \tag{4.2}$$

verwendet wird (p_2 *bzw.* p_3 *Konsistenzordnung der Einschrittverfahren zur Erzeugung von* $p_{0,m}$ *bzw.* $q_{n,0}$).

Beweis: Für den Fehler $(e^1_{n,m}, e^2_{n,m}, e^3_{n,m})^T$ erhält man, wie im Beweis des Konvergenzsatzes gezeigt wurde, unter Berücksichtigung der Definition der exakten relativen Zuwachsfunktion $(\Delta_1, \Delta_2, \Delta_3)^T$

$$\begin{aligned}
e^1_{n+1,m+1} = {} & e^1_{n+1,m} + e^1_{n,m+1} - e^1_{n,m} + \\
& + h_1h_2\,[\Delta_1(x_n, y_m, z^*(x_n, y_m), p^*(x_n, y_m), q^*(x_n, y_m); h_1, h_2) - \\
& - \Phi_1(x_n, y_m, z^*(x_n, y_m), p^*(x_n, y_m), q^*(x_n, y_m); h_1, h_2) + \\
& + \Phi_1(x_n, y_m, z^*(x_n, y_m), p^*(x_n, y_m), q^*(x_n, y_m); h_1, h_2) - \\
& - \Phi_1(x_n, y_m, z_{n,m}, p_{n,m}, q_{n,m}; h_1, h_2)]\,, \\
e^2_{n+1,m+1} = {} & e^2_{n+1,m} + \\
& + h_2[\Delta_2(x_n, y_m, z^*(x_n, y_m), p^*(x_n, y_m), q^*(x_n, y_m); h_1, h_2) - \\
& - \Phi_2(x_n, y_m, z^*(x_n, y_m), p^*(x_n, y_m), q^*(x_n, y_m); h_1, h_2) + \\
& + \Phi_2(x_n, y_m, z^*(x_n, y_m), p^*(x_n, y_m), q^*(x_n, y_m); h_1, h_2) - \\
& - \Phi_2(x_n, y_m, z_{n,m}, p_{n,m}, q_{n,m}; h_1, h_2)]\,, \\
e^3_{n+1,m+1} = {} & e^3_{n,m+1} + \\
& + h_1[\Delta_3(x_n, y_m, z^*(x_n, y_m), p^*(x_n, y_m), q^*(x_n, y_m); h_1, h_2) - \\
& - \Phi_3(x_n, y_m, z^*(x_n, y_m), p^*(x_n, y_m), q^*(x_n, y_m); h_1, h_2) + \\
& + \Phi_3(x_n, y_m, z^*(x_n, y_m), p^*(x_n, y_m), q^*(x_n, y_m); h_1, h_2) - \\
& - \Phi_3(x_n, y_m, z_{n,m}, p_{n,m}, q_{n,m}; h_1, h_2)]\,.
\end{aligned}$$

Wegen (4.2) und (3.14) kann man in den obigen Beziehungen wie folgt abschätzen:

$$\begin{aligned}
\|[\cdot]\| &\leqq L(|e^1_{n,m}| + |e^2_{n,m}| + |e^3_{n,m}|) + O(H^{R_1})\,, \\
\|[\cdot]\| &\leqq L(|e^1_{n,m}| + |e^2_{n,m}| + |e^3_{n,m}|) + O(H^{R_2})\,, \\
\|[\cdot]\| &\leqq L(|e^1_{n,m}| + |e^2_{n,m}| + |e^3_{n,m}|) + O(H^{R_3})\,.
\end{aligned}$$

Mit diesen Abschätzungen erhält man auf dem im Beweis des Konvergenzsatzes beschriebenen Weg ein Differenzenungleichungssystem der Gestalt (3.1). Die Lösung läßt sich über Lemma 3.1 und 3.2 mit (3.12) abschätzen $(A_1 = A_2 = A_3 = L,\ B_1 = \varepsilon_1(h_1, h_2),\ B_2 = \varepsilon_2(h_1, h_2),\ B_3 = \varepsilon_3(h_1, h_2))$. Die dabei zu beachtende Bedingung (3.13) wird durch (4.2) erfüllt.

Folgerung: *Das Einschrittverfahren* (2.1) *besitze die Konsistenzordnung R. Dann hat es mindestens die Konvergenzordnung $p_1 = \min(R, p_2, p_3)$.*

Daraus erhebt sich die Forderung, daß die zur Gewinnung der Anfangsnäherungen $p_{0,m}$ und $q_{n,0}$ aus (2.2) benutzten Einschrittverfahren für gewöhnliche Differentialgleichungen mindestens die Konsistenzordnung R besitzen müssen, wenn das Einschrittverfahren die Konvergenzordnung R besitzen soll.

5. Das asymptotische Stabilitätsverhalten der Einschrittverfahren

Aufbauend auf der in [1] gegebenen Definition der α_K-Stabilität eines numerischen Prozesses wird das Einschrittverfahren (2.1) auf sein asymptotisches Stabilitätsverhalten untersucht. Ausgehend von dem idealen Prozeß

$$x_{i+1}(\boldsymbol{H}_1) = A_i(x_1(\boldsymbol{H}_1), x_2(\boldsymbol{H}_2), \ldots, x_i(\boldsymbol{H}_1), \boldsymbol{H}_1), \quad i = 0, \ldots, N(\boldsymbol{H}_1)$$

und dem gestörten Verfahren

$$x_{i+1}(\boldsymbol{H}_1) = A_i(\tilde{x}_1(\boldsymbol{H}_1), \tilde{x}_2(\boldsymbol{H}_2), \ldots, \tilde{x}_i(\boldsymbol{H}_1), \boldsymbol{H}_1) + \delta_i(\boldsymbol{H}_1)$$

wurde von BABUŠKA, PRÁGER, VITÁSEK [1] ein Verfahren als α_K-*stabil* bezeichnet, wenn mit einem $\boldsymbol{H}_0 > 0$ zu jedem $\varepsilon > 0$ ein $\delta(\varepsilon) > 0$ existiert mit der Eigenschaft, daß $\|\tilde{x}_i(\boldsymbol{H}_1) - x_i(\boldsymbol{H}_1)\| < \varepsilon$ ist für $i = 0, \ldots, N(\boldsymbol{H}_1)$, $0 \leqq \boldsymbol{H}_1 \leqq \boldsymbol{H}_0$, falls $\|\delta_i(\boldsymbol{H}_1)\| \leqq \boldsymbol{H}_1^K \delta$ ist für $i = 0, \ldots, N$, $0 \leqq \boldsymbol{H}_1 \leqq \boldsymbol{H}_0$. Aus der Definition leitet man unmittelbar die Aussage ab, daß ein Verfahren α_K-stabil ist, falls mit einer Konstanten M

$$\|\tilde{x}_i(\boldsymbol{H}_1) - x_i(\boldsymbol{H}_1)\| \leqq \frac{M \cdot S}{\boldsymbol{H}_1^K} \qquad \textit{für} \quad i = 0, \ldots, N(\boldsymbol{H}_1)$$

und $\|\delta_i(\boldsymbol{H}_1)\| \leqq S$ gilt.

Mit der Störung $\vec{\delta}_{n,m}(h_1, h_2) := (\delta^1_{n,m}(h_1, h_2), \delta^2_{n,m}(h_1, h_2), \delta^3_{n,m}(h_1, h_2))^T$ lautet das gestörte Einschrittverfahren (2.1)

$$\begin{aligned}
\tilde{z}_{n+1,m+1} &= \tilde{z}_{n+1,m} + \tilde{z}_{n,m+1} - \tilde{z}_{n,m} + h_1h_2\Phi_1(x_n, y_m, \tilde{z}_{n,m}, \tilde{p}_{n,m}, \tilde{q}_{n,m}; h_1, h_2) + \delta^1_{n,m}(h_1, h_2)\,, \\
\tilde{p}_{n+1,m+1} &= \tilde{p}_{n+1,m} + h_2\Phi_2(x_n, y_m, \tilde{z}_{n,m}, \tilde{p}_{n,m}, \tilde{q}_{n,m}; h_1, h_2) + \delta^2_{n,m}(h_1, h_2)\,, \\
\tilde{q}_{n+1,m+1} &= \tilde{q}_{n,m+1} + h_1\Phi_3(x_n, y_m, \tilde{z}_{n,m}, \tilde{p}_{n,m}, \tilde{q}_{n,m}; h_1, h_2) + \delta^3_{n,m}(h_1, h_2)\,,
\end{aligned} \tag{5.1}$$

wobei

$$\begin{aligned} \tilde{z}_{0,m} &= t(b + mh_2)\,, \quad \tilde{q}_{0,m} = t'(b + mh_2)\,, \quad m = 0(1)N_2\,, \\ \tilde{z}_{n,0} &= s(a + nh_1)\,, \quad \tilde{p}_{n,0} = s'(a + nh_1)\,, \quad n = 0(1)N_1 \end{aligned} \tag{5.2}$$

ist. Die Anfangswerte $\tilde{p}_{0,m}$ und $\tilde{q}_{n,0}$ seien dadurch gewonnen worden, daß (2.2) mit einem Einschrittverfahren für gewöhnliche Differentialgleichungen numerisch gelöst wurde.

Für die Störungen gelte

$$|\delta^2_{0,m}(h_2)| \leqq S \quad \text{und} \quad |\delta^3_{n,0}(h_1)| \leqq S\,. \tag{5.3}$$

Satz 5.1: *Seien die Voraussetzungen des Konvergenzsatzes und* (5.2), (5.3) *erfüllt. Dann ist das Einschrittverfahren* (2.1) *im Sinne von* BABUŠKA [1] α_2*-stabil, falls für die Störungen*

$$||\vec{\delta}_{n,m}(h_1, h_2)|| \leqq S \tag{5.4}$$

gilt, S unabhängig von $\boldsymbol{H} := \min(h_1, h_2)$, $0 \leqq \boldsymbol{H} \leqq \boldsymbol{H}_0$, $n = 0(1)N_1$, $m = 0(1)N_2$, $||\,.\,|| = \max(|\,.\,|, \ldots, |\,.\,|)$.

Beweis: Sei

$$d^1_{n,m} := \tilde{z}_{n,m} - z_{n,m}\,, \quad d^2_{n,m} := \tilde{p}_{n,m} - p_{n,m}\,, \quad d^3_{n,m} := \tilde{q}_{n,m} - q_{n,m}\,.$$

In [1, Seite 80] wurde nachgewiesen, daß mit (5.3) und der Definition von $\boldsymbol{H}$

$$|d^2_{0,m}| \leqq \frac{S}{L\boldsymbol{H}}(e^{L(y_m-b)} - 1) \quad \text{und} \quad |d^3_{n,0}| \leqq \frac{S}{L\boldsymbol{H}}(e^{L(x_n-a)} - 1) \tag{5.5}$$

ist. Mit (5.1) gilt weiterhin

$$\begin{aligned} d^1_{n+1,m+1} &= d^1_{n+1,m} + d^1_{n,m+1} - d^1_{n,m} + h_1h_2[\Phi_1(x_n, y_m, \tilde{z}_{n,m}, \tilde{p}_{n,m}, \tilde{q}_{n,m}; h_1, h_2) - \\ &\qquad - \Phi_1(x_n, y_m, z_{n,m}, p_{n,m}, q_{n,m}; h_1, h_2)] + \delta^1_{n,m}(h_1, h_2)\,, \\ d^2_{n+1,m+1} &= d^2_{n+1,m} + h_2[\Phi_2(x_n, y_m, \tilde{z}_{n,m}, \tilde{p}_{n,m}, \tilde{q}_{n,m}; h_1, h_2) - \Phi_2(x_n, y_m, z_{n,m}, p_{n,m}, q_{n,m}; h_1, h_2)] + \delta^2_{n,m}(h_1, h_2)\,, \\ d^3_{n+1,m+1} &= d^3_{n,m+1} + h_1[\Phi_3(x_n, y_m, \tilde{z}_{n,m}, \tilde{p}_{n,m}, \tilde{q}_{n,m}; h_1, h_2) - \Phi_3(x_n, y_m, z_{n,m}, p_{n,m}, q_{n,m}; h_1, h_2)] + \delta^3_{n,m}(h_1, h_2)\,. \end{aligned} \tag{5.6}$$

Nach Voraussetzung (3.14) ist für $i = 1, 2, 3$

$$\begin{aligned} &|\Phi_i(x_n, y_m, \tilde{z}_{n,m}, \tilde{p}_{n,m}, \tilde{q}_{n,m}; h_1, h_2) - \Phi_i(x_n, y_m, z_{n,m}, p_{n,m}, q_{n,m}; h_1, h_2)| \leqq \\ &\leqq L(|d^1_{n,m}| + |d^2_{n,m}| + |d^3_{n,m}|)\,, \end{aligned}$$

so daß mit (5.4), (5.6) folgendermaßen abgeschätzt werden kann

$$\begin{aligned} &d^1_{n+1,m} + d^1_{n,m+1} - d^1_{n,m} + h_1h_2\,L(|d^1_{n,m}| + |d^2_{n,m}| + |d^3_{n,m}|) - S \leqq \\ &\qquad \leqq d^1_{n+1,m+1} \leqq \\ &\qquad \leqq d^1_{n+1,m} + d^1_{n,m+1} - d^1_{n,m} + h_1h_2L(|d^1_{n,m}| + |d^2_{n,m}| + |d^3_{n,m}|) + S\,, \\ &|d^2_{n+1,m+1}| \leqq |d^2_{n+1,m}| + h_2L(|d^1_{n,m}| + |d^2_{n,m}| + |d^3_{n,m}|) + S\,, \\ &|d^3_{n+1,m+1}| \leqq |d^3_{n,m+1}| + h_1L(|d^1_{n,m}| + |d^2_{n,m}| + |d^3_{n,m}|) + S\,, \\ &n = 0(1)N_1 - 1\,, \quad m = 0(1)N_2 - 1 \end{aligned} \tag{5.7}$$

und den Anfangswerten (wegen (5.2))

$$\begin{aligned} d^1_{n,0} &= 0\,, \quad d^2_{n,0} = 0\,, \quad n = 0(1)N_1\,, \\ d^1_{0,m} &= 0\,, \quad d^3_{0,m} = 0\,, \quad m = 0(1)N_2\,. \end{aligned}$$

Somit liegt ein Differenzenungleichungssystem der Gestalt (3.1) vor. Mit (5.5) ist (3.13) erfüllt, und die Lösungen von (5.7) lassen sich über Lemma 3.1 und 3.2 nach (3.12) wie folgt einschließen:

$$\begin{aligned} |d^1_{n,m}| &\leqq e^{L(y_m-b)+L(x_n-a)}\Big[\big(I_0(2\sqrt{L(L+1)\,(x_n-a)\,(y_m-b)}) - 1\big)\Big(\frac{S}{\boldsymbol{H}^2L(L+1)} + \\ &\qquad + \frac{S}{L\boldsymbol{H}}(e^{L(x_n-a)} - 1) + \frac{S}{L\boldsymbol{H}}(e^{L(y_m-b)} - 1)\Big)\Big]\,, \\ |d^2_{n,m}| &\leqq e^{L(x_n-a)}\Big[\frac{S}{\boldsymbol{H}^2L(L+1)}(e^{L(x_n-a)} - 1)\big(I_0(2\sqrt{L(L+1)\,(x_n-a)\,(y_m-b)}) - 1\big) + \\ &\qquad + I_0(2\sqrt{L(L+1)\,(x_n-a)\,(y_m-b)})\Big(\frac{S}{L\boldsymbol{H}}(e^{L(y_m-b)} - 1)\,(e^{L(x_n-a)} - 1) + \\ &\qquad + \frac{S}{L\boldsymbol{H}}(e^{L(y_m-b)} - 1)\,e^{L(y_m-b)}\Big)\Big]\,, \\ |d^3_{n,m}| &\leqq e^{L(y_m-b)}\Big[\frac{S}{\boldsymbol{H}^2L(L+1)}(e^{L(x_n-a)} - 1)\big(I_0(2\sqrt{L(L+1)\,(x_n-a)\,(y_m-b)}) - 1\big) + \\ &\qquad + I_0(2\sqrt{L(L+1)\,(x_n-a)\,(y_m-b)})\Big(\frac{S}{L\boldsymbol{H}}(e^{L(x_n-a)} - 1)\,e^{L(x_n-a)} + \\ &\qquad + \frac{S}{L\boldsymbol{H}}(e^{L(y_m-b)} - 1)\,(e^{L(x_n-a)} - 1)\Big)\Big]\,. \end{aligned} \tag{5.8}$$

Aus (5.8) ergibt sich die Behauptung des Satzes unmittelbar. Außerdem sind die Einflüsse der Komponenten der Störung $\vec{\delta}_{n,m}(h_1, h_2)$ deutlich in (5.8) ablesbar, d. h. insbesondere bleibt auch dann das Einschrittverfahren (2.1) α_2-stabil, wenn $\delta^2_{n,m}(h_1, h_2) \equiv 0$ und/oder $\delta^3_{n,m}(h_1, h_2) \equiv 0$ sind.

Mit diesem Satz ist das asymptotische Stabilitätsverhalten der in [2], [3], [4], [6], [8], [9], [10] angegebenen RUNGE-KUTTA-Verfahren zur numerischen Behandlung von (1.1) im Sinne von BABUŠKA geklärt, sowie in Ergänzung zu den in [1] zusammengestellten Aussagen das Verhalten dieser allgemeinen Verfahrensklasse der Einschrittverfahren bei hyperbolischen Differentialgleichungen untersucht worden.

Literaturverzeichnis

1 BABUŠKA, I. M.; PRÁGER, M.; VITÁSEK, R., Numerical Processes in Differential Equations, Prague: SNTL-Publishers of Techn. Lit. 1966.

2 DAY, J. T., A GAUSSian quadrature method for the numerical solution for the characteristik initial value problem $u_{xy} = f(x, y, u)$, Math. Comput. **17**, 438–441 (1963).

3 DAY, J. T., A RUNGE-KUTTA method for the numerical solution of the GOURSAT problem in hyperbolic partial equations, Comp. J. **9**, 81–83 (1966).

4 DIAZ, J. B., On an analogue of the EULER-CAUCHY polygon method for the numerical solution of $u_{xy} = f(x, y, u, u_x, u_y)$, Arch. Rat. Mech. Analysis **1**, 357–390 (1958).

5 DIAZ, J. B., On existence, uniqueness, and numerical evalution of solutions of ordinary and hyperbolic differential equations, Ann, Math. Pure Appl. **52**, 163–181 (1960).

6 FILIPPI, S.; STIMBERG, C., Explizite RUNGE-KUTTA-Verfahren für partielle hyperbolische Differentialgleichungen, Computing **2**, 105–119 (1967).

7 HENRICI, P., Discrete Variable Methods in Ordinary Differential Equations, New York: J. Wiley and Sons 1962.

8 MOORE, R. H., A RUNGE-KUTTA procedure of the GOURSAT problem in hyperbolic partial differential equations, Arch. Rat. Mech. Analysis **7**, 37–63 (1961).

9 SCHNERR, F., RUNGE-KUTTA-Verfahren und Fehlerabschätzungen für das charakteristische Anfangswertproblem bei einer hyperbolischen Differentialgleichung 2. Ordnung $z_{xy} = f(x, y, z)$, Dissertation TU Dresden 1975.

10 STIMBERG, C., RUNGE-KUTTA-Verfahren zur numerischen Behandlung von Anfangswertproblemen bei partiellen hyperbolischen Differentialgleichungen. Dissertation TH Aachen 1966.

Eingereicht am 31. 10. 1975, revidierte Fassung am 11. 10. 1976

Anschrift: Dr. FRITZ SCHNERR, Sektion Mathematik der TU Dresden, DDR 8027 Dresden, Mommsenstr. 13

KLEINE MITTEILUNGEN

ZAMM 57, 671 (1977)

D. BECHERT

Zur Berechnung gekrümmter Freistrahlen. Eine Diskussion des Beitrages von J. Leopold (ZAMM 54, 729–734 (1974)).

In der Arbeit von J. LEOPOLD wird die Ablenkung eines ebenen Freistrahls, der aus einem Schlitz austritt, theoretisch und experimentell untersucht. Die Ablenkung des Strahls geschieht durch zwei von beiden Seiten senkrecht oder schräg auftreffende Strömungen, die unterschiedliche Geschwindigkeit haben. Durch den unterschiedlichen Druck auf beiden Seiten des Strahls krümmt sich der Strahl nach der Seite mit der geringeren Zuströmgeschwindigkeit. Der ebene Freistrahl wird als undurchdringlich für die seitliche Strömung angesehen. Dies stimmt sowohl mit den Annahmen früherer Arbeiten [1, 2, 3, 4] überein, als auch mit Experimenten des Verfassers, in denen der Strömungsverlauf mit Rauchfäden sichtbar gemacht wurde. Die äußere Strömung um den abgelenkten Strahl baut eine Druckdifferenz zu beiden Seiten des Strahls auf. Die Krümmung des Strahls erzeugt ihrerseits auch eine Druckdifferenz zu beiden Seiten des Strahls („Zentrifugalkraft"), die der äußeren Druckdifferenz das Gleichgewicht hält.

Bei der Berechnung der Drücke der äußeren Umströmung um den abgelenkten Strahl scheint Kritik an der Arbeit von J. LEOPOLD angebracht zu sein. Die Berechnung des Schubes eines Freistrahls auf eine schräggestellte Platte mit Hilfe des Impulssatzes ist der — korrekte — Ausgangspunkt dieser Berechnungen. Bei diesem bekannten Übungsbeispiel kann die Kontrollfläche zur Aufstellung der Impulsbilanz so gelegt werden, daß — außer auf der Platte selbst — der statische Druck auf der Kontrollfläche gleich dem Umgebungsdruck ist. Man bekommt dadurch eine einfache Zuordnung zwischen Strahlimpuls, Plattenrichtung und resultierender Kraft auf der Platte. — Eine Unkorrektheit unterlief m. E. jedoch bei der Übertragung dieses Modells auf ein Einzelelement der Strahloberfläche. Die Aussagen des Ausgangsmodells gelten für eine Kontrollfläche ohne Druckkräfte an den freien Oberflächen des Strahls, der auf die Platte auftritt. Bei Verkleinerung auf ein Flächenelement muß die Kontrollfläche auch entsprechend verkleinert werden. Jetzt ist es nicht mehr möglich, die Drücke auf der Kontrollfläche wegzulassen. Auch läßt sich keine sinnvolle Kontrollfläche mehr angeben, bei der die durchtretenden Volumenströme leicht angebbar wären. Es läßt sich an einem einfachen Beispiel zeigen, wie diese Vorgehensweise versagt: Man könnte mit dieser Methode leicht die Druckverteilung an einem Tragflügelprofil aus der örtlichen Steigung der Kontur ausrechnen. Man könnte so auf Singularitätenmethoden oder konforme Abbildung zur Bestimmung der Profilumströmung verzichten. Allerdings würde man auch nicht die Saugkräfte auf der Oberseite eines Tragflügels ausrechnen können, die hauptsächlich für die Auftrieb verantwortlich sind.

Daß die gemessenen Daten mit den Berechnungen gut übereinstimmen, spricht zwar für die Brauchbarkeit der Formel, ist aber m. E. kein Beweis für die Richtigkeit des theoretischen Ansatzes. Vom Verfasser wurde gezeigt [4], daß die Randbedingungen der experimentellen Anordnung (Wände, offene Zuströmung etc.) entscheidende Bedeutung haben. Man kann so im Experiment die Strahltrajektorie stark durch Veränderung der Zuströmbedingungen beeinflussen. Somit sind experimentelle Daten nur dann mit theoretischen Ergebnissen vergleichbar, wenn auf die Gleichartigkeit der Randbedingungen peinlich geachtet wurde. Das läßt sich aber nicht überprüfen, da die Versuchskonfiguration von J. LEOPOLD nicht gezeigt wurde.

Die Bestimmung der Außenumströmung des abgelenkten Freistrahls wird in den bisherigen Arbeiten [1, 2, 3, 4] wie die Umströmung eines undurchdringlichen Körpers in reibungsfreier Strömung behandelt. Diese Vereinfachung ist sicher außerhalb des unmittelbaren Strahlbereichs („Grenzschichtbereich") zulässig. Bekanntlich führt ja auch die reibungsfreie Theorie der Tragflügelumströmung bereits ohne Grenzschichtkorrektur zu brauchbaren Ergebnissen. Für den Strahlverlauf des gekrümmten Strahls ist konstanter Strahlimpuls eine grobe Annahme [4], die eigentlich nur für den geraden Strahl gilt. Sie ist aber sicherlich besser als die Annahme konstanter Strahlgeschwindigkeit und -breite in der Arbeit von J. LEOPOLD.

Einen grundsätzlich anderen Weg als die bisher zitierten Arbeiten beschreitet E. F. COXE [5], auf dessen Untersuchung hier auch hingewiesen werden sollte. In seiner Arbeit wird das vollständige reibungsbehaftete Problem der Ablenkung eines ebenen Freistrahls durch numerische Lösung der NAVIER-STOKES-Gleichungen behandelt.

Literatur

1 TAYLOR, G. I., The use of a vertical air jet as a windscreen, Mémoires sur la Mécanique des Fluides (M. D. RIABOUCHINSKY Anniversary Volume), Publ. Sci. et Techn. du Ministère de l'Air, Paris 1954, S. 313–317. Wieder abgedruckt in: G. K. BATCHELOR (Herausgeber), The Scientific Papers of Sir GEOFFREY INGRAM TAYLOR, Vol. II, Aerodynamics and the Mechanics of Projectiles and Explosions, S. 537–540, Cambridge University Press, Cambridge 1963. Hierzu ein Hinweis. Das Ergebnis ist durch einen Druckfehler um den Faktor 2 verfälscht.

2 ACKERBERG, R. C. und PAL, A., On the interaction of a two-dimensional jet with a parallel flow, J. Math. and Phys. **47** (1968), S. 32–56.

3 ACKERBERG, R. C., On a non-linear theory of thin jets, Part I and II, J. Fluid Mech. **31** (1968), S. 583–601; **33** (1968), S. 261–272.

4 BECHERT, D., Zweidimensionale Strahlsteuerung, I bis III, Deutsche Luft- und Raumfahrt, FB 69–11 bis 13 (1969).

5 COXE, E. F., Interaction of a two-dimensional jet with a deflecting stream, Ph. D. Thesis, University of South Carolina, Engineering, Mechanical (1967), University Microfilms, Inc, Ann Arbor, Michigan, USA.

Eingereicht am 24. 2. 1976

Anschrift: Dr.-Ing. DIETRICH BECHERT, DFVLR-Institut für Turbulenzforschung, 1000 Berlin 12, Müller-Breslau-Str. 8, Berlin (West)

ZAMM 57, 671–673 (1977)

J. BETTEN

Plastische Stoffgleichungen inkompressibler anisotroper Werkstoffe

In der Plastomechanik anisotroper Werkstoffe geht man bekanntlich [1, 2, 3, 4] von einem plastischen Potential

$$F = F(F_1, F_2, F_3) \tag{1}$$

mit den Teilpotentialen

$$F_1 = A_{ij}\sigma_{ij}\,, \qquad F_2 = \frac{1}{2} A_{ijkl}\sigma_{ij}\sigma_{kl} \tag{2a, b}$$

$$F_3 = \frac{1}{3} A_{ijklmn}\sigma_{ij}\sigma_{kl}\sigma_{mn} \tag{2c}$$

aus, das die Fließbedingung $F =$ const. und über die Fließregel

$$\mathrm{d}^p\varepsilon_{ij} = (\partial F/\partial \sigma_{ij})\,\mathrm{d}\lambda\,, \qquad \mathrm{d}\lambda \geqq 0 \tag{3}$$

die plastischen Stoffgleichungen festlegt:

$$\mathrm{d}^p\varepsilon_{ij} = \left(\frac{\partial F}{\partial F_1} A_{ij} + \frac{\partial F}{\partial F_2} A_{ijkl}\sigma_{kl} + \frac{\partial F}{\partial F_3} A_{ijklmn}\sigma_{kl}\sigma_{mn}\right) \mathrm{d}\lambda\,. \tag{4}$$

Darin sind $^p\varepsilon_{ij}$ der plastische Anteil des Verzerrungstensors und $\mathrm{d}\lambda$ ein Proportionalitätsfaktor. Die Stofftensoren A_{ij}, A_{ijkl} und A_{ijklmn} können aus experimentell ermittelten Fließortkurven bestimmt werden [3].

Bei plastisch inkompressiblen Stoffen müssen wegen der verschwindenden Volumendehnung $\alpha^p\varepsilon_{ii} = 0$ nach (4) unter Berücksichtigung der Symmetrieeigenschaften der Stofftensoren folgende Inkompressibilitätsbedingungen erfüllt sein:

$$A_{ii} = 0\,, \qquad A_{iikl} = A_{ijkk} = 0 \tag{5a, b}$$

$$A_{iiklmn} = A_{ijkkmn} = A_{ijklmm} = 0\,. \tag{5c}$$

Das sind insgesamt $1 + 6 + 21 = 28$ Gleichungen, so daß bei Inkompressibilität nur $(6 - 1) + (21 - 6) + (56 - 21) = 55$ voneinander unabhängige Stoffwerte gegenüber $6 + 21 + 56 = 83$ Stoffwerten bei plastischer Kompressibilität bestimmt werden müssen, wenn man nicht weitere Vereinfachungen trifft, wie z. B. orthogonale Anisotropie (Orthotropie), hexagonale Anisotropie (transversale Isotropie) oder schließlich gar Isotropie.

Man kann zeigen, daß im isotropen Sonderfall die Teilpotentiale (2a, b, c) in die lineare, quadratische und kubische Invariante des Spannungstensors übergehen. Im Fall der Inkompressibilität wird man entgegen (1) zweckmäßigerweise von einem plastischen Potential [2, 4]

$$F = F(F_1', F_2', F_3') \tag{6}$$

mit den Teilpotentialen

$$F_1' = B_{ij}\sigma_{ij}', \qquad F_2' = \frac{1}{2} B_{ijkl}\sigma_{ij}'\sigma_{kl}' \tag{7a, b}$$

$$F_3' = \frac{1}{3} B_{ijklmn}\sigma_{ij}'\sigma_{kl}'\sigma_{mn}' \tag{7c}$$

ausgehen. Dann ist plastische Volumenkonstanz (Inkompressibilität) a priori erfüllt, da entgegen (2a, b, c) in (7a, b, c) nicht der Spannungstensor σ_{ij}, sondern sein Deviator

$$\sigma_{ij}' = \sigma_{ij} - \frac{1}{3}\sigma_{kk}\delta_{ij} \tag{8}$$

(δ_{ij} Eins- oder Substitutionstensor) als Variable benutzt wird.

Mit dem Ansatz (6) erhält man über die Fließregel (3) die plastischen Stoffgleichungen zu:

$$d^p\varepsilon_{ij} = \left(\frac{\partial F}{\partial F_1'}\frac{\partial F_1'}{\partial \sigma_{ij}} + \frac{\partial F}{\partial F_2'}\frac{\partial F_2'}{\partial \sigma_{ij}} + \frac{\partial F}{\partial F_3'}\frac{\partial F_3'}{\partial \sigma_{ij}}\right) d\lambda . \tag{9}$$

Darin ermittelt man die partielle Ableitung $\partial F_1'/\partial\sigma_{ij}$ unter Berücksichtigung der Beziehung

$$\frac{\partial \sigma_{pq}'}{\partial \sigma_{ij}} = \delta_{pi}\delta_{qj} - \frac{1}{3}\delta_{ij}\delta_{pq} \tag{10}$$

aus Gl. (7a) zu

$$\frac{\partial F_1'}{\partial \sigma_{ij}} = B_{ij} - \frac{1}{3} B_{kk}\delta_{ij} \underset{\text{def}}{=\!=} B_{ij}', \tag{11}$$

d. h., das Ergebnis ist ein Deviator ($B_{ii}' \equiv 0$). Entsprechend erhält man mit Gl. (10) und der Symmetriebedingung

$$B_{ijkl} = B_{klij} \tag{12}$$

aus Gl. (7b):

$$\frac{\partial F_2'}{\partial \sigma_{ij}} = \left(B_{ijkl} - \frac{1}{3} B_{rrkl}\delta_{ij}\right)\sigma_{kl}' . \tag{13}$$

In Gl. (13) ist der Klammerausdruck ein Tensor 4-ter Stufe und hat Deviatorcharakter „bezüglich" der **freien** Indizes i, j, so daß man zur Abkürzung schreiben kann:

$$B_{ijkl} - \frac{1}{3} B_{rrkl}\delta_{ij} \underset{\text{def}}{=\!=} B_{\{ij\}kl}' \,{}^{*)} \tag{14}$$

mit

$$B_{\{ii\}kl}' \equiv 0 . \tag{15}$$

Unter Berücksichtigung der Symmetrieeigenschaften

$$B_{ijklmn} = B_{klmnij} = B_{mnijkl} = B_{mnklij} = B_{klijmn} = B_{ijmnkl}, \tag{16}$$

die man unmittelbar Gl. (7c) entnimmt, und der Gl. (10) erhält man aus Gl. (7c)

$$\frac{\partial F_3'}{\partial \sigma_{ij}} = \left(B_{ijklmn} - \frac{1}{3} B_{rrklmn}\delta_{ij}\right)\sigma_{kl}'\sigma_{mn}' \tag{17a}$$

bzw. kürzer

$$\frac{\partial F_3'}{\partial \sigma_{ij}} = B_{\{ij\}klmn}'\,\sigma_{kl}'\sigma_{mn}' . \tag{17b}$$

Darin ist entsprechend (14)

$$B_{\{ij\}klmn}' \underset{\text{def}}{=\!=} B_{ijklmn} - \frac{1}{3} B_{rrklmn}\delta_{ij} \tag{18}$$

der in i, j deviatorische Anteil des Tensors B_{ijklmn} mit verschwindender Spur entsprechend (15).

Setzt man die Zwischenergebnisse (11), (13), (14) und (17b) in Gl. (9) ein, so lauten schließlich die allgemeinen Stoffgleichungen

$$d^p\varepsilon_{ij} = \left(\frac{\partial F}{\partial F_1'} B_{ij}' + \frac{\partial F}{\partial F_2'} B_{\{ij\}kl}'\sigma_{kl}' + \frac{\partial F}{\partial F_3'} B_{\{ij\}klmn}'\sigma_{kl}'\sigma_{mn}'\right) d\lambda . \tag{19}$$

Aus Gl. (19) entnimmt man, daß die plastische Volumenkonstanz (Inkompressibilität),

$$d^p\varepsilon_{ii} = 0 , \tag{20}$$

für alle Potentiale der Form (6) identisch erfüllt wird, da gemäß den Definitionen (11), (14) und (18) die Spuren verschwinden:

$$B_{ii}' \equiv B_{\{ii\}kl}' \equiv B_{\{ii\}klmn}' \equiv 0 . \tag{21}$$

Für den isotropen Sonderfall vereinfachen sich die Stoffgleichungen (19) zu:

$$d^p\varepsilon_{ij} = \left(\frac{\partial F}{\partial J_2'}\sigma_{ij}' + \frac{\partial F}{\partial J_3'}\sigma_{ij}''\right) d\lambda; \qquad \sigma_{ij}'' \underset{\text{def}}{=\!=} \sigma_{ik}'\sigma_{kj}' - \frac{2}{3} J_2'\delta_{ij} . \tag{22}$$

Darin ist nunmehr

$$F = F(J_2', J_3') \tag{23}$$

mit

$$J_2' = \frac{1}{2}\sigma_{ij}'\sigma_{ji}', \qquad J_3' = \frac{1}{3}\sigma_{ij}'\sigma_{jk}'\sigma_{ki}' \tag{24a, b}$$

das plastische Potential **isotroper inkompressibler** Werkstoffe [5].

Die 6 Stoffgleichungen (4) in Verbindung mit den 28 Inkompressibilitätsbedingungen (5a, b, c) **oder** die 6 Stoffgleichungen (19) können zur Beschreibung des mechanischen Verhaltens ein und desselben inkompressiblen anisotropen Werkstoffes herangezogen werden. Dann muß ein Zusammenhang zwischen den Stofftensoren A_{ij}, A_{ijkl} usw. in (4) und den Stofftensoren B_{ij}, B_{ijkl} usw. in (19) bestehen, die man erhält, wenn man die Teilpotentiale (2a, b, c) und (7a, b, c) einander gleichsetzt:

$$F_1 = F_1', \qquad F_2 = F_2', \qquad F_3 = F_3' . \tag{25a, b, c}$$

Aus der Forderung (25a) erhält man mit (2a), (7a) und (8) unmittelbar

$$A_{ij} = B_{ij}' \tag{26}$$

und daraus wegen des Deviatorcharakters (11) die Inkompressibilitätsbedingung (5a).

Umgekehrt findet man aus $F_1' = F_1$

$$B_{ij}\sigma_{ij}' = A_{ij}\sigma_{ij} = A_{ij}\sigma_{ij}' + \frac{1}{3} A_{kk}\sigma_{ll}, \tag{27}$$

so daß in Verbindung mit (5a) schließlich die Identität

$$B_{ij} \equiv A_{ij} \tag{28}$$

folgt.

Entsprechend leitet man aus den Forderungen (25b, c) zunächst die Zusammenhänge

$$A_{ijkl} = B_{\{ij\}kl}' - \frac{1}{3} B_{\{ij\}pp}'\delta_{kl} \underset{\text{def}}{=\!=} B_{\{ij\}\{kl\}}'' \tag{29}$$

und

$$A_{ijklmn} = B_{\{ij\}\{kl\}mn}'' - \frac{1}{3} B_{\{ij\}\{kl\}pp}''\delta_{mn} \underset{\text{def}}{=\!=} B_{\{ij\}\{kl\}\{mn\}}''' \tag{30}$$

her. Darin haben die Tensoren $B_{\{ij\}\{kl\}}''$ und $B_{\{ij\}\{kl\}\{mn\}}'''$ in Erweiterung der Definitionen (14) und (18) bezüglich aller Indexpaare Deviatorcharakter, so daß aus (29) und (30) auch unmittelbar die Inkompressibilitätsbedingungen (5b, c) folgen.

Geht man umgekehrt von $F_2' = F_2$ aus,

$$B_{ijkl}\sigma_{ij}'\sigma_{kl}' = A_{ijkl}\sigma_{ij}\sigma_{kl} = A_{ijkl}\left(\sigma_{ij}' + \frac{1}{3}\sigma_{pp}\delta_{ij}\right)\left(\sigma_{kl}' + \frac{1}{3}\sigma_{qq}\delta_{kl}\right), \tag{31}$$

so erhält man daraus nach Ausmultiplizieren der rechten Seite in Verbindung mit (5b) die Identität

$$B_{ijkl} \equiv A_{ijkl} . \tag{32}$$

Entsprechend weist man

$$B_{ijklmn} \equiv A_{ijklmn} \tag{33}$$

*) Diese Schreibweise erinnert an den in i, j antisymmetrischen Teil $B_{[ij]kl}$, der über die Alternierungsvorschrift $B_{[ij]kl} \underset{\text{def}}{=\!=} \frac{1}{2}(B_{ijkl} - B_{jikl})$ gegeben ist (Analogie).

nach. Mithin kann man wegen (5a, b, c), (11), (14), (18), (28), (32) und (33) anstatt (4) oder (19) auch die Stoffgleichungen

$$d^p\varepsilon_{ij} = \left(\frac{\partial F}{\partial F_1'} A_{ij} + \frac{\partial F}{\partial F_2'} A_{ijkl}\sigma_{kl}' + \frac{\partial F}{\partial F_3'} A_{ijklmn}\sigma_{kl}'\sigma_{mn}'\right) d\lambda \quad (34)$$

benutzen.

Als Anwendungsbeispiel sei ein quadratisches plastisches Potential

$$F = F(F_2) = F(F_2') \quad (35)$$

zu Grunde gelegt, das zur Beschreibung des mechanischen Verhaltens eines plastisch inkompressiblen anisotropen Werkstoffes geeignet ist, der sich gegenüber Zug- und Druckbeanspruchung symmetrisch verhält. Damit ermittelt man z. B. die plastischen Querzahlen orthotroper Werkstoffe

$$\nu^{II} \underset{\text{def}}{=} -\left(\frac{d^p\varepsilon_{II}}{d^p\varepsilon_I}\right)_{(\sigma_I \neq 0,\ \sigma_{II} = \sigma_{III} = 0)} \quad ^{*)} \quad (36a)$$

$$\nu^{III} \underset{\text{def}}{=} -\left(\frac{d^p\varepsilon_{III}}{d^p\varepsilon_I}\right)_{(\sigma_I \neq 0,\ \sigma_{II} = \sigma_{III} = 0)} \quad (36b)$$

aus den Stoffgleichungen (4) zu

$$\nu^{II} = -\frac{A_{1122}}{A_{1111}}, \qquad \nu^{III} = -\frac{A_{1133}}{A_{1111}}, \quad (37a, b)$$

bzw. aus (34) zu

$$\nu^{II} = -\frac{2A_{1122} - A_{2222} - A_{2233}}{2A_{1111} - A_{1122} - A_{1133}}, \qquad \nu^{III} = -\frac{2A_{1133} - A_{2233} - A_{3333}}{2A_{1111} - A_{1122} - A_{1133}}. \quad (38a, b)$$

Mit den Inkompressibilitätsbedingungen (5b) lassen sich die Querzahlen (38a, b) in (37a, b) überführen. Weiterhin ist wegen (5b) auch die Schreibweise

$$\nu^{II} = \frac{1}{2}\left(1 + \frac{A_{2222} - A_{3333}}{A_{1111}}\right), \qquad \nu^{III} = \frac{1}{2}\left(1 - \frac{A_{2222} - A_{3333}}{A_{1111}}\right) \quad (38a, b)$$

möglich. Im isotropen Sonderfall mit $A_{1111} = A_{2222} = A_{3333}$ wird $\nu^{II} = \nu^{III} = 1/2$.

Literatur

1 DUBEY, R. N. und HILLIER, M. J., Journal of Basic Engineering, Transactions of the ASME, March 1972, S. 228/230.
2 SAYIR, M., Ing.-Archiv 39 (1970), S. 414/432.
3 BETTEN, J., Acta Mechanica 25 (1976), S. 79/94.
4 BETTEN, J., Z. angew. Math. Mech. 55 (1975), S. 271.
5 HILL, R., The Mathematical Theory of Plasticity, Oxford 1950.

Eingereicht am 26. 1. 1976, revidierte Fassung am 17. 5. 1976

Anschrift: Prof. Dr.-Ing. J. BETTEN, Institut für Werkstoffkunde, Rhein.-Westf. Techn. Hochschule, D-51 Aachen, Templergraben 55, BRD

*) Römische Indizes kennzeichnen Hauptrichtungen.

ZAMM 57, 673 – 674 (1977)

M. S. EL NASCHIE / A. F. HOSNI

A Note on the Accuracy of the Nonlinear Shell Equations in the Post Buckling Range

1. Introduction

The worst error in the result of most of the well known shell theories usually arises when the deformation is associated with a low waves number [1, 2]. This is largely due to the fact that no part of the shell can any longer be regarded as a shallow shell [2]. Examining the accuracy of a shell theory causes formidable difficulties even for the linear case. To a large extent in the linear case, this subject has only recently been understood due to the works of JOHN [3], KOITER and others [4]. Therefore, it might be considered a fortunate situation to be able to examine the accuracy of a nonlinear theory in the post buckling range although only for a particular case. This is possible for the ring buckling of a cylindrical shell under external pressure because an exact analysis of the initial post buckling of the pressurized extensional ring ($\mathring{\varepsilon} \neq 0$), using an intrinsic formulation, recently became available [5]. This allows us a direct comparison with the present results using SANDERS' nonlinear shell equations [6] and an asymptotically exact perturbation solution [7–12].

2. The Energy Functional

We consider a long, thin, circular, cylindrical shell with radius r, wall thickness t, modulus of elasticity E and POISSON's ratio ν. For a very large wave length in the longitudinal direction, the buckling configuration is quasi cylindrical and the strain energy per unit lenght is simply

$$\Pi_s = \frac{E}{2(1-\nu^2)} \oint \left(t\mathring{\varepsilon}_\varphi^2 + \frac{t^3}{12}\frac{\dot\psi^2}{r^2}\right) r\,d\varphi - \oint P\mathring{\varepsilon}_\varphi r^2\,d\varphi \quad (1)$$

where φ is the angular co-ordinate, $\mathring{\varepsilon}_\varphi$ is the circumferential strain of the shell middle surface, ψ is the circumferential angle of rotation, P is the external pressure and $(\dot{\ }) = \frac{d(\ )}{d\varphi}$.

Assuming constant directional (dead) pressure, the loading energy is

$$\Pi_l = P \oint rw\,d\varphi \quad (2)$$

where w is the radial displacement components of a generic point of the middle surface. The potential energy functional is thus

$$V = \Pi_s + \Pi_l\,. \quad (3)$$

In the case of quasi cylindrical buckling, the strain displacement equations [6] are reduced to

$$\mathring{\varepsilon}_\varphi = (\dot v - w)/r + \psi^2/2\,, \quad (4)$$

$$\psi = (\dot w + \gamma v)/r\,, \quad (5)$$

$$\chi = (\ddot w + \gamma \dot v)/r^2 \quad (6)$$

where v is the tangential displacement components and γ is used to denote either zero or unity. If γ is taken to be zero, we have the DONNELL equation and if it is taken to be unity, we have SANDERS' equations*) [6]. The symbol γ does not appear in the original equations of SANDERS and our reasons for using it will only become apparent at a later stage of this analysis. Inserting (4), (5) and (6) in (3) the potential energy functional V is obtained in terms of the buckling co-ordinates. The corresponding functional, related to a sliding set of co-ordinates W, can now be expanded as [12]

$$W = \varrho[W_0 + W_1 + W_2 + W_3 + W_4];\ \varrho = \frac{Et^3}{12(1-\nu^2)\,r^3}, \quad (7)$$

where W_m is the sum of all the terms of the degree m. Ignoring the arbitrary constant W_0 and the vanishing linear terms W_1, we are left with the three items

$$W_2 = \oint \left[\frac{\alpha}{2}(\dot v - w)^2 + \frac{1}{2}(\ddot w + \gamma\dot v)^2 - \frac{\Lambda}{2}(\dot w + \gamma v)^2\right] d\varphi\,, \quad (8)$$

$$W_3 = \oint -\frac{\alpha}{2r}(\dot v - w)(\gamma v + \dot w)^2\,d\varphi \quad (9)$$

and

$$W_4 = \oint \frac{\alpha}{8r^2}(\gamma v + \dot w)^4\,d\varphi\,, \quad (10)$$

where

$$\alpha = 12\,(r/t)^2 \quad (11)$$

$$\Lambda = \frac{12\,(1-\nu^2)}{E}(r/t)^3\,P\,. \quad (12)$$

From (8) we see that we have $(\dot v - w)^2$ only in the α term which is a complete square so that W_2 would take its lowest value for

*) The definition of pseudo stress and shear resultants plays an important role in SANDER'S General Theory. However, this is irrelevant in the present simple case.

$\dot{v} - w = 0$ and it follows that for all buckling modes

$$\dot{v} = w\,. \tag{13}$$

From the continuity condition of the closed cylinder in the circumferential direction it is easy to show that the following uniformly convergent FOURIER expansions are an adequate and complete representation of the buckling configuration

$$w = \sum_{i=0}^{\infty} a_i \cos i\varphi\,, \tag{14}$$

$$v = \sum_{i=0}^{\infty} b_i \sin i\varphi\,, \tag{15}$$

where i is the wave number, a_i and b_i can be regarded as generalised coordinates. Employing the EINSTEIN summation convention, we obtain [12]

$$\begin{aligned} W_2 = \Phi_{ij}\Big[&\frac{\alpha}{2}(b_ib_jij + a_ia_j - 2b_ia_ji) - \\ &-\frac{\Lambda}{2}(\gamma b_ib_j + a_ia_jij - 2\gamma b_ia_jj) + \\ &+\frac{1}{2}(a_ia_j\,i^2j^2 + \gamma b_ib_jij - 2\gamma b_ia_jij^2)\Big]\,, \end{aligned} \tag{16}$$

$$\begin{aligned} W_3 = \Phi_{ijk}\frac{-\alpha}{2r}[&\gamma b_ib_jb_ki + b_ia_ja_kijk - 2\gamma b_ib_j\,a_kjk \\ &- \gamma a_ib_jb_k - a_ia_ja_kjk - 2\gamma a_ib_ja_ki]\,, \end{aligned} \tag{17}$$

$$\begin{aligned} W_4 = \Phi_{ijkm}[&b_ib_jb_kb_m\gamma + a_ia_ja_ka_mijkm + 6\gamma b_ib_ja_ka_mkm \\ &- 4\gamma b_ia_ja_ka_mjkm - 4\gamma b_ib_jb_ka_mm]\,. \end{aligned} \tag{18}$$

From (13) we see that the quadratic form is not strictly diagonal but this is easily acheived by writing the load independent transformations

$$w_i = \gamma b_i - ia_i \tag{19}$$

and

$$u_i = ib_i - a_i\,. \tag{20}$$

The diagonal quadratic form is thus

$$A_2 = \Phi_{ii}\,\tfrac{1}{2}\,[\alpha u_i^2 + i^2w_i^2 - \Lambda w_i^2] \tag{21}$$

and the eigenvalue is

$$\Lambda^c = i^2\,. \tag{22}$$

Using (16), (17) to change the co-ordinate in (14) and (15), we obtain

$$A_3 = \frac{\alpha}{2r}\,u_iw_jw_k\Phi_{ijk} \tag{23}$$

and

$$A_4 = \frac{\alpha}{8r^2}\,w_iw_jw_kw_m\,\Phi_{ijkm}\,. \tag{24}$$

Considering the orthogonality properties of $\Phi_{ij\ldots}$ and omitting the details of the elementary discrete perturbation procedure, we find the initial slope [5, 7–12]

$$\Lambda_1|_c = \left.\frac{-A_{111}}{2A'_{11}}\right|_c = 0 \tag{25}$$

and the initial curvature

$$\begin{aligned} \Lambda_{11}|_c &= \left.\frac{1}{3A'_{11}}\left[A_{1111} - 3\sum_{s\neq 1}\frac{A_{s11}^2}{A_{ss}}\right]\right| \\ &= \frac{1}{3\pi}\left[\frac{9}{4}\frac{\alpha\pi}{r^2} - 3\left\{\left(-\frac{\pi\alpha}{2r}\right)^2\frac{1}{\alpha\pi} + \left(\frac{\alpha\pi^2}{r}\right)\frac{1}{2\pi\alpha}\right\}\right] \\ &= 0\,. \end{aligned} \tag{26}$$

It is now somewhat surprising and interesting that this result is independent from γ.

Summarizing, this means in the case of a quasi cylindrical buckling configuration of an externally pressurised cylindrical shellt hat SANDERS' equations yield exactly the same accuracy as the DONNELL equation. We observe further that the third order coefficient has exactly the same magnitude as the fourth order coefficient in the expression for the secondary path derivative $\Lambda_{11}|_c$. Thus, the third order terms in the potential energy functional are not negligible as the linear approximation $v = w$, for which A_3 vanishes, may suggest. An analysis based on this assumption would indicate a stable post buckling path depending on the cross-sectional area (and not on the moment of inertia as in the exact solution [5]). However, when neglecting the fourth order terms as small compared with the third order then it would indicate an in-absolute-value equal yet unstable post buckling path. Thus, such neglection is again not permissible.

We conclude that both the DONNELL and the SANDERS' equations give a branching parameter of $\Lambda^c = 4$ in agreement with the exact solution [5]. However, contrary to the exact solution where a stable point of bifurcation was found [5], they both indicate merely a piercing point ($\Lambda_1|_c = \Lambda_{11}| = 0$). In order to obtain the expected rise in the post buckling path, we have to consider the higher order terms in the expressions for the rotation. However, such terms are always neglected in practically all the known shell theories. Having said that, one should remember that most of the typical shell buckling problems involve a strong interaction between bending and stretching. In such cases the nonlinear terms in the expression for rotation can be neglected and SANDERS' equations would yield accurate results. The work thus serves as a reminder of the limitations of these equations [11].

References

1 KOITER, W. T., On the nonlinear theory of thin elastic shells, Part II: Simplified shell equations, Proc. Kon. Ned. Ak. West., Amsterdam, 69B, 33 (1966).

2 BUCHWALD, V. T., Some problems of thin circular cylindrical shells, Journal of Mathematics and Physics, 45, (1967).

3 JOHN, F., Estimates for the derivatives of the stresses in a thin shell and interior shell equations, Comm. Pure and Appl. Math. 18, 235 (1965).

4 KOITER, W. T., Foundation and basic equations of shell theory, Theory of thin shells, Second Symposium, Copenhagen (1967).

5 EL NASCHIE, M. S., The initial post buckling of an extensional ring under external pressure, International Journal of Mechanical Sciences, vol. 17, Nr. 6, p. 387–388 (1975).

6 SANDERS, J. L., Nonlinear theories for thin shells, Quart. Appl. Math. 21, 21–36 (1963).

7 KOITER, W. T., Elastic stability and post buckling behaviour, Proceedings of Symposium on Nonlinear Problems, University of Wisconsin Press, Madison (1963).

8 HUSEYIN, K., Nonlinear theory of elastic stability, Noordhoff International Publishing, Leyden (1974).

9 DYM, C. L., Stability theory and its applications to structural mechanics, Noordhoff International Publishing, Leyden (1974).

10 THOMPSON, J. M. T., A general theory of elastic stability, London, John Wiley (1973).

11 EL NASCHIE, M. S., Displacement field in the nonlinear theory of Shells, AIAA Journal, vol. 14, pp. 1785 (1976).

12 EL NASCHIE, M. S., Der Einfluß von Schubverformung auf die Stabilität von axial gedrückten Stäben im überkritischen Bereich, Der Stahlbau 2, Febr., pp. 52–54 (1977).

Eingereicht am 29. 12. 1975

Anschrift: Dr. M. S. EL NASCHIE, Dr. A. F. HOSNI, Faculty of Engineering, Civil Engineering Department, Riyadh University, Riyadh, Saudi Arabia

ZAMM 57, 674–677 (1977)

J. WAUER

Über die Herleitung von Stabilitätsgleichungen zur Untersuchung des Kippens elastischer Stäbe unter Folgelasten

1. Problemstellung

Die Theorie der Stabilitätsprobleme der Elastostatik hat in letzter Zeit durch die Einbeziehung von Folgelasten eine interessante Erweiterung erfahren. Im allgemeinen sind derartige Lasten nichtkonservativ und bewirken häufig, daß die Stabilitätsentscheidung nicht mit dem statischen, sondern nur mit dem kinetischen Kriterium getroffen werden kann. Die zugehörigen linearisierten Differentialgleichungen des Problems besitzen konstante Koeffizienten und beschreiben im Instabilitätsfall in der Ausdrucksweise der Schwingungslehre selbsterregte Schwingungen.

Da man bei schwingenden Kontinua bekanntlich mit komplizierten Randwertproblemen zu rechnen hat, ist es zweckmäßig, die beschreibenden Gleichungen nicht synthetisch anschaulich, sondern analytisch aus einem Variationsprinzip herzuleiten. Darüber hinaus bietet diese Vorgehensweise den Vorteil, daß bei nicht mehr streng lösbaren Problemen, beispielsweise mit dem Ritzschen Verfahren, eine Methode zur Verfügung steht, die an die Variationsaufgabe anknüpft.

Ebene Ausweichprobleme elastischer Stäbe sind unter Benutzung energetischer Prinzipien ausführlich und umfassend behandelt. Für kinetisches Kippen fehlen entsprechende Ansätze jedoch weitgehend. Erst in neuester Zeit formulierten F. Nishino, C. Kasemset und S. L. Lee [1] ein sehr allgemeines Variationsverfahren für statische konservative Stabilitätsprobleme von Stäben mit dünnwandigem offenem Querschnitt. Die gleiche Aufgabenstellung hat übrigens P. Vielsack [2] auf synthetische Weise untersucht.

Eine Erweiterung dieser Überlegungen auf kinetische Stabilitätsprobleme erscheint wünschenswert. Ziel der vorliegenden Arbeit ist es also, das Prinzip von Hamilton zur Erfassung des kinetischen Kippens zu formulieren, um sodann durch Variation auf die beschreibenden Differentialgleichungen mit ihren Randbedingungen geführt zu werden. Diese Ausgangsgleichungen müssen notwendig nichtlinear sein, weil die von vornherein linearisierte klassische Theorie bekanntlich keinerlei Instabilitätserscheinungen elastischer Körper sichtbar werden läßt. Anschließend kann man auf die linearisierten Stabilitätsgleichungen übergehen.

Zum Schluß werden die erhaltenen Gleichungen auf einfache Sonderfälle wie das ebene Knicken unter tangential eingeleiteter Druckkraft und das Kippen ohne Längslasten angewendet.

2. Analyse des Verformungszustandes

Gegenstand der Untersuchungen ist ein Stab der Länge l. Es gelten die üblichen Voraussetzungen der technischen Biegelehre und rein Saint-Venantscher Torsion, die Querschnittsgestalt ändere sich längs der Stabachse nicht, Schubmittelpunkt und Schwerpunkt seien zusammenfallend und schließlich sollen auch Dämpfungseinflüsse unbeachtet bleiben.

Zur mathematischen Problembeschreibung werden zweckmäßig zwei Koordinatensysteme gemäß Abb. 1 eingeführt. Ein

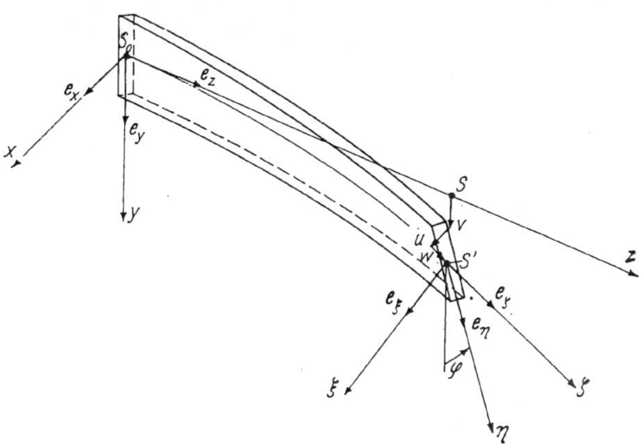

Abb. 1. Verformungszustand eines Stabquerschnitts

erstes raumfestes x, y, z-Bezugssystem (Einheitsvektoren e_x, e_y, e_z) werde im unverformten Schwerpunkt S_0 eines der Endquerschnitte befestigt, wobei die z-Achse mit der unverformten Stabachse zusammenfällt. Ein zweites körperfestes ξ, η, ζ-System (Einheitsvektoren e_ξ, e_η, e_ζ) wird durch die um den Drillwinkel φ gegenüber dem raumfesten System gedrehten Hauptträgheitsachsen des Querschnitts an beliebiger Stelle z und die zugehörige Tangente an die Zentrallinie des Stabes aufgespannt. Der Koordinatenursprung S' des körperfesten Systems ist also der geometrische Ort aller verformten Querschnittsschwerpunkte und ist in allgemeiner Lage gegenüber seinem Ausgangspunkt S um die Koordinaten u, v, w rein translatorisch verschoben, wobei diese Größen im raumfesten x, y, z-System gemessen werden.

Für die weitere Rechnung, die sich größtenteils an [1, 2] anlehnt, wird als wesentlich vorausgesetzt, daß die Verschiebungen u, v, w so klein sind, daß die ζ-Achse parallel zur z-Achse angenommen werden kann. Differentiationen nach der Variablen ζ können also durch Ableitungen nach z ersetzt werden und umgekehrt.

Sind u^*, v^*, w^* die Verformungen eines ausgezeichneten Querschnittspunktes $P \to P'$, so kann aus der Elastizitätstheorie endlicher Verschiebungen [3] der symmetrische Verzerrungstensor mit seinen Elementen $e_{\xi\xi}$, $e_{\eta\eta}$, $e_{\zeta\zeta}$, $g_{\xi\eta}$, $g_{\xi\zeta}$ und $g_{\eta\zeta}$ in diesem Punkt angegeben werden. Dabei wird noch eine letzte Forderung aus der Theorie dünner Stäbe, nämlich die Erhaltung der Querschnittsgestalt während der Verformung, vorausgesetzt, so daß zunächst

$$e_{\xi\xi} = e_{\eta\eta} = g_{\xi\eta} = 0 \tag{1}$$

gilt. Mit

$$\begin{aligned} u^* &= u - \eta \sin\varphi - \xi (1 - \cos\varphi)\,, \\ v^* &= v + \xi \sin\varphi - \eta (1 - \cos\varphi)\,, \end{aligned} \tag{2}$$

$$\begin{aligned} w^* = w &- (u' \cos\varphi + v' \sin\varphi)\, \xi - \\ &- (v' \cos\varphi - u' \sin\varphi)\, \eta + \Phi(\xi, \eta)\, \varphi' \end{aligned} \tag{3}$$

(ξ, η Koordinaten des verformten Querschnittspunktes P' im lokalen System, $\Phi(\xi, \eta)$ Saint-Venantsche Verwölbungsfunktion, hochgestellte Striche Ableitungen nach ζ bzw. z) können auch die noch verbliebenen Verzerrungsgrößen bestimmt werden. Nach kurzer Rechnung erhält man

$$\begin{aligned} e_{\zeta\zeta} = w' &- (u' + \varphi v')' \xi - (v' - \varphi u')' \eta + \\ &+ \frac{1}{2} [(u - \varphi\eta)'^2 + (v + \varphi\xi)'^2]\,, \end{aligned} \tag{4}$$

$$g_{\xi\zeta} = \varphi' \left(\frac{\partial \Phi}{\partial \xi} - \eta \right), \quad g_{\eta\zeta} = \varphi' \left(\frac{\partial \Phi}{\partial \eta} + \xi \right), \tag{5}$$

wenn bis zu quadratischen Größen in den Freiheitsgraden entwickelt und w' gegen Eins vernachlässigt wird.

3. Variationsprinzip

Die systematische Behandlung kinetischer Stabilitätsprobleme wird zweckmäßig über das Prinzip von Hamilton geführt. Um dieses Prinzip

$$\delta \int_{t_0}^{t_1} (T - V_i - V_a)\, dt + \int_{t_0}^{t_1} \delta W\, dt = 0 \tag{6}$$

auswerten zu können, sind also zunächst die kinetische Energie T, das elastische Potential V_i, das Potential der äußeren Kräfte V_a sowie die virtuelle Arbeit δW der potentiallosen Kräfte zu bestimmen.

Die kinetische Energie ist bekanntlich durch

$$T = \frac{1}{2} \varrho \int_0^l \left[\iint_{(A)} v_P^2\, dA \right] dz \tag{7}$$

gegeben, wenn v_P die Absolutgeschwindigkeit des materiellen Stabpunktes P und ϱ die Materialdichte des Stabes sind sowie das Formelzeichen A auf die Querschnittsfläche hinweist. Die Geschwindigkeit v_P ist aus dem Verschiebungsvektor

$$s = u^* e_x + v^* e_y + w^* e_z \tag{8}$$

durch Differentiation nach der Zeit einfach zu gewinnen. Dabei ist zu beachten, daß bei der vorausgesetzten vernachlässigbar kleinen Rotationsträgheit hinsichtlich der Biegeverformung in der Längsverschiebung w^* (3) die Neigungen u', v' der Stabfasern unbeachtet bleiben dürfen. Die kinetische Energie kann damit weitgehend ausgewertet werden, wenn man die Integration über die Querschnittsfläche ausführt. Man erhält mit den Flächenträgheitsmomenten

$$\iint_{(A)} \xi^2\, dA = J_\eta\,, \qquad \iint_{(A)} \eta^2\, dA = J_\xi \tag{9}$$

und dem Trägheitsradius

$$k_S^2 = \frac{1}{A} (I_\xi + I_\eta) \tag{10}$$

die kinetische Energie in der Form

$$T = \frac{\mu}{2} \int_0^l [\dot{u}^2 + \dot{v}^2 + \dot{w}^2 + k_S^2 \dot{\varphi}^2]\, dz\,, \tag{11}$$

worin hochgestellte Punkte Zeitableitungen und μ die konstante Masse je Längeneinheit bezeichnen.

Zur Berechnung des elastischen Potentials wird auf den bekannten Zusammenhang [3] zwischen V_i und den Verzerrungen zurückgegriffen. Dieser Ausdruck vereinfacht sich für stabförmige Körper sehr und läßt sich unter Beachtung der Voraussetzungen (1) in der Form

$$\begin{aligned} V_i \equiv V_{i1} + V_{i2} &= \frac{G}{2} \int_0^l \left[\iint_{(A)} (g_{\xi\zeta}^2 + g_{\eta\zeta}^2)\, dA \right] dz + \\ &+ \frac{E}{2} \int_0^l \left[\iint_{(A)} e_{\zeta\zeta}^2\, dA \right] dz \end{aligned} \tag{12}$$

darstellen, wenn G und E der konstante Schub- und Elastizitätsmodul sind. Der erste Summand in (12) ist mit (5) das SAINT-VENANTsche Torsionspotential, das üblicherweise [4] unter Einführung der sogenannten Torsionssteife GJ_T (J_T Torsionsflächenmoment) in der Form

$$V_{i1} = \frac{GJ_T}{2} \int_0^l \varphi'^2 \, dz \tag{13}$$

geschrieben wird. Für V_{i2} erhält man nach Einsetzen von (4) mit den Beziehungen (9) und dem Flächenmoment höherer Ordnung

$$\bar{J} = \iint_{(A)} (\xi^2 + \eta^2)^2 \, dA \tag{14}$$

nach längerer, jedoch elementarer Zwischenrechnung schließlich

$$V_{i2} = \frac{EA}{2} \int_0^l \left[\frac{1}{2} u'^2 + \frac{1}{2} v'^2 + \frac{1}{2} k_s^2 \varphi'^2 + w'\right]^2 dz + \frac{1}{4} EA \left(\frac{\bar{J}}{A} - k_s^4\right) \varphi'^4 + \frac{EJ_\eta}{2} \int_0^l (u'' + \varphi v'')^2 \, dz + \frac{EJ_\xi}{2} \int_0^l (v'' - \varphi u'')^2 \, dz, \tag{15}$$

wenn Potenzen höherer als zweiter Ordnung in der Längsverschiebung w und höherer als vierter Ordnung in den Querverformungen u, v, φ vernachlässigt werden, wie dies ausreicht.

Zur Berechnung des Potentials der äußeren „Kräfte" und der virtuellen Arbeit der potentiallosen „Kräfte" hat man die Aufgabenstellung zu konkretisieren. Dazu werde ein Stab betrachtet, der ausschließlich durch an seinen Enden eingeleitete Kräfte und Momente belastet sei. Der Einfachheit halber findet neben einer mitgehenden Druckkraft

$$\boldsymbol{P}(0) = P\boldsymbol{e}_\zeta(0), \qquad \boldsymbol{P}(l) = -P\boldsymbol{e}_\zeta(l) \tag{16}$$

nur noch ein ebenso geartetes Biegemoment

$$\boldsymbol{M}(0) = M\boldsymbol{e}_\xi(0), \qquad \boldsymbol{M}(l) = -M\boldsymbol{e}_\xi(l) \tag{17}$$

um die steifere der beiden Biegehauptachsen (hier ξ) Verwendung. Diese Belastung besitzt, wie noch gezeigt wird, kein Potential, d. h. es gilt

$$V_a = 0. \tag{18}$$

Zur Berechnung der virtuellen Arbeit hat man die virtuelle Verschiebung $\delta\boldsymbol{s}$ und Verdrehung $\delta\boldsymbol{\chi}$ der Endquerschnitte anzugeben. Für $\delta\boldsymbol{s}$ ergibt sich einfach

$$\delta\boldsymbol{s} = \delta u\boldsymbol{e}_x + \delta v\boldsymbol{e}_y + \delta w\boldsymbol{e}_z, \qquad z = 0 \quad \text{und} \quad z = l,$$

während für $\delta\boldsymbol{\chi}$ gemäß der KIRCHHOFFschen Analogie [5]

$$\delta\boldsymbol{\chi} = (-\delta v' + \varphi\delta u')\boldsymbol{e}_\xi + (\delta u' + \varphi\delta v')\boldsymbol{e}_\eta + \delta\varphi\boldsymbol{e}_\zeta, \quad z = 0 \quad \text{und} \quad z = l,$$

zu nehmen ist. Man kann also die virtuelle Arbeit in der Form

$$\delta W = [-P(u'\delta u + v'\delta v + \delta w) + M(\delta v' - \varphi\delta u')]_0^l \tag{19}$$

ermitteln und erkennt, daß die vorgegebene Belastung tatsächlich ohne Potential ist.

4. Nichtlineares Randwertproblem

Mit der Bereitstellung der Energieanteile (11), (13), (15), (18) und (19) kann die Auswertung des Prinzips von HAMILTON (1) geleistet werden. Unter Einführung der effektiven Längsdehnung

$$\varepsilon = w' + \frac{1}{2} u'^2 + \frac{1}{2} v'^2 + \frac{1}{2} k_s^2 \varphi'^2 \tag{20}$$

führt sie auf die gekoppelten, nichtlinearen Bewegungsgleichungen

$$EA\varepsilon' - \mu\ddot{w} = 0, \tag{21}$$

$$\begin{aligned} &EJ_\eta u'''' + (EJ_\eta - EJ_\xi)(\varphi v'')'' - EA(\varepsilon u')' + \mu\ddot{u} = 0, \\ &EJ_\xi v'''' + (EJ_\eta - EJ_\xi)(\varphi u'')'' - EA(\varepsilon v')' + \mu\ddot{v} = 0, \end{aligned} \tag{22}$$

$$GJ_T\varphi'' - (EJ_\eta - EJ_\xi) u''v'' + EAk_s^2(\varepsilon\varphi')' - \mu k_s^2\ddot{\varphi} = 0 \tag{23}$$

mit nichtlinearen Randbedingungen bei $z = 0$ und $z = l$:

$$EA\varepsilon + P = 0 \quad \text{oder} \quad w = 0, \tag{24}$$

$$\left.\begin{aligned} &EJ_\eta u'' + (EJ_\eta - EJ_\xi)\varphi v'' + M\varphi = 0 \quad \text{oder} \quad u' = 0, \\ &EJ_\eta u''' + (EJ_\eta - EJ_\xi)(\varphi v'')' - (EA\varepsilon + P) u' = 0 \\ &\qquad \text{oder } u = 0, \\ &EJ_\xi v'' + (EJ_\eta - EJ_\xi)\varphi u'' - M = 0 \quad \text{oder} \quad v' = 0, \\ &EJ_\xi v''' + (EJ_\eta - EJ_\xi)(\varphi u'')' - (EA\varepsilon + P) v' = 0 \\ &\qquad \text{oder } v = 0, \end{aligned}\right\} \tag{25}$$

$$GJ_T\varphi' + EAk_s^2\varepsilon\varphi' = 0 \quad \text{oder} \quad \varphi = 0. \tag{26}$$

Damit steht eine im Sinne der Arbeit [2] konsistente Näherung zweiter Ordnung für das Kippen zur Verfügung, in der alle Terme höheren Grades weggelassen sind.

Sie ist eine Erweiterung der Gedanken von F. NISHINO, C. KASEMSET und S. L. LEE [1] für kinetische, nichtkonservative Stabilitätsprobleme schlanker Stäbe symmetrischen Querschnitts. Neben den gegenüber [1] hier zusätzlich auftretenden Trägheitstermen sorgt nämlich die sowohl in (22) als auch in (23) auftretende Differenz der beiden maßgebenden Biegesteifen im Falle gleicher Biegesteifen für eine Entkopplung der Biege- von den Torsionsverformungen, wie sie der Anschauung entspricht.

5. Stabilitätsgleichungen

Hier wird ausführlich auf die kinetische Instabilität des Grundzustandes

$$u = u_0, \qquad v = v_0, \qquad \varphi = \varphi_0, \qquad w = w_0 \tag{27}$$

eingegangen. Dazu sollen von den Bewegungsgleichungen (21) bis (23) und ihren Randbedingungen (24) bis (26) ausgehend die linearen Stabilitätsgleichungen des kinetischen Kippens hergeleitet werden. Dazu überlagert man den Komponenten (27) der Grundbewegung infinitesimale Zusatzverschiebungen (gekennzeichnet durch einen Querstrich):

$$u = u_0 + \bar{u}, \quad v = v_0 + \bar{v}, \quad \varphi = \varphi_0 + \bar{\varphi}, \quad w = w_0 + \bar{w}. \tag{28}$$

Wird für die weitere Rechnung ein ursprünglich gerader Stab ohne Vorverformung betrachtet, so ist für die vorgegebene Belastung (16) (17) der Grundzustand speziell eine reine Längs- und Querverschiebung um die steifere der beiden Biegehauptachsen. Es gilt also

$$u_0 = \varphi_0 = 0.$$

Unter diesen Einschränkungen ergeben sich die linearisierten Gleichungen zur Berechnung der Grundbewegung in der Form

$$EAw_0'' - \mu\ddot{w}_0 = 0, \tag{29}$$

$$EJ_\xi v_0'''' + \mu\ddot{v}_0 = 0, \tag{30}$$

$$EAw_0' + P = 0 \quad \text{oder} \quad w_0 = 0 \; (z = 0 \quad \text{und} \quad z = l), \tag{31}$$

$$EJ_\xi v_0'' - M = 0 \quad \text{oder} \quad v_0' = 0, \quad EJ_\xi v_0''' = 0 \quad \text{oder} \quad v_0 = 0 \; (z = 0 \quad \text{und} \quad z = l), \tag{32}$$

während die Glieder ersten Grades in $\bar{u}$ und $\bar{\varphi}$ (unter Weglassen des Querstrichs) die Differentialgleichungen

$$EJ_\eta u'''' + (EJ_\eta - EJ_\xi)(v_0''\varphi)'' - EA(w_0'u')' + \mu\ddot{u} = 0, \tag{33}$$

$$GJ_T\varphi'' - (EJ_\eta - EJ_\xi) v_0''u'' + EAk_s^2(w_0'\varphi')' - \mu k_s^2\ddot{\varphi} = 0 \tag{34}$$

mit den Randbedingungen bei $z = 0$ und $z = l$

$$\begin{aligned} &EJ_\eta u'' + [(EJ_\eta - EJ_\xi) v_0'' + M]\varphi = 0 \quad \text{oder} \quad u' = 0, \\ &EJ_\eta u''' + (EJ_\eta - EJ_\xi)(v_0''\varphi)' - (EAw_0' + P) u' = 0 \\ &\text{oder} \quad u = 0, \end{aligned} \tag{35}$$

$$\varphi' = 0 \quad \text{oder} \quad \varphi = 0 \tag{36}$$

als lineare Stabilitätsgleichungen mit beliebigen Anfangsbedingungen liefern, wie sie meines Wissens in der Literatur bisher nicht anzutreffen sind.

6. Anwendungsbeispiele

Zunächst sei das bekannte Problem des tangential gedrückten, einseitig eingespannten Stabes angesprochen. Dann ist auch $v_0 = 0$, so daß der auf Stabilität zu untersuchende Grundzustand eine reine Längsverschiebung w_0 mit

$$w_0' = -\frac{1}{EA} P = \text{konst}.$$

ist. Die Stabilitätsgleichungen (33), (34) und ihre Randbedingungen (35), (36) vereinfachen sich zu

$$EJ_\eta u'''' + Pu'' + \mu \ddot{u} = 0\,, \tag{37}$$

$$(GJ_T - k_s^2 P)\,\varphi'' - \mu k_s^2 \ddot{\varphi} = 0\,, \tag{38}$$

sowie

$$u(0, t) = u'(0, t) = u''(l, t) = u'''(l, t) = 0\,, \tag{39}$$

$$\varphi(0, t) = \varphi'(l, t) = 0 \tag{40}$$

und beschreiben zwei verschiedene, voneinander unabhängige Knickvorgänge, von denen allerdings nur derjenige mit der kleinsten kritischen Druckspannung praktische Bedeutung hat. In der Regel ist dies das durch (37) und (39) beschriebene ebene Biegeknicken, hier unter mitgehender Druckbelastung, während das reine konservative Drillknicken gemäß (38) und (40) wohl nur bei dünnwandigen Querschnittsprofilen eine Rolle spielen kann.

Als zweites Beispiel sei ein kippgefährdeter Stab ohne axiale Druckkräfte betrachtet, der beiderseits gabelgelagert sei. Unter diesen Annahmen ist die vorgegebene Belastung konservativ, der Grundzustand eine reine Querverschiebung v_0 mit

$$v_0'' = \frac{M}{EJ_\xi} = \text{konst.}\,,$$

und die Stabilitätsgleichungen ergeben sich zu

$$EJ_\eta u'''' - \left(1 - \frac{J_\eta}{J_\xi}\right) M\varphi'' + \mu \ddot{u} = 0\,, \tag{41}$$

$$GJ_T\varphi'' + \left(1 - \frac{J_\eta}{J_\xi}\right) Mu'' - \mu k_s^2 \ddot{\varphi} = 0 \tag{42}$$

mit

$$u(0, t) = u''(0, t) = u(l, t) = u''(l, t) = 0\,, \tag{43}$$

$$\varphi(0, t) = \varphi(l, t) = 0\,. \tag{44}$$

Auch in dem Spezialfall (41) bis (44) des kippenden Trägers allein unter einem Endmoment zeigt sich also die für derartige Probleme charakteristische symmetrische Kopplung mit dem jeweils gleichen Vorfaktor, hier $(1 - J_\eta/J_\xi)\ M$. Die Lösung der erhaltenen Eigenwertaufgabe ist einfach und liefert nach kurzer Nebenrechnung das maßgebende kritische Kippmoment

$$M_K = \frac{\pi}{l}\sqrt{\frac{EJ_\eta GJ_T}{(1 - J_\eta/J_\xi)^2}}\,. \tag{45}$$

Für $J_\xi \gg J_\eta$ erhält man daraus das PRANDTLsche Kippmoment

$$M_{K0} = \frac{\pi}{l}\sqrt{EJ_\eta GJ_T}\,, \tag{46}$$

so daß in der Praxis häufig beide angeführten Näherungsformeln brauchbar sind.

7. Zusammenfassung

Kinetische Stabilitätsprobleme elastischer Stäbe sind für Theorie und Praxis gleichermaßen interessant. Da man in der Regel mit komplizierten Randwertaufgaben zu rechnen hat, empfiehlt sich die Herleitung der beschreibenden Differentialgleichungen und ihrer Randbedingungen aus dem Prinzip von HAMILTON. In der vorgelegten Arbeit wird eine elastizitätstheoretisch fundierte, konsistente Näherung für das kinetische Kippen unter Folgelasten entwickelt. Es werden die zugehörigen linearisierten Stabilitätsgleichungen hergeleitet, die sich von bisher üblichen Gleichungen geringfügig unterscheiden. Eine wesentliche Voraussetzung dabei ist eine so geringe Abweichung zwischen unverformter und verformter Stabachse, daß Differentiationen nach den beiden maßgebenden Ortskoordinaten als identisch angesehen werden dürfen.

Literatur

1 NISHINO, F.; KASEMSET, C.; LEE, S. L., Variational Formulation of Stability Problems of Thin-walled Members, Ing.-Arch. **43** (1974), S. 58–68.
2 VIELSACK, P., Lineare Stabilitätstheorie elastischer Stäbe nach der zweiten Näherung, Ing.-Arch. **44** (1975), S. 143–152.
3 KAPPUS, R., Zur Elastizitätstheorie endlicher Verschiebungen, ZAMM **19** (1939), S. 271–285 und S. 344–361.
4 SZABO, I., Höhere Technische Mechanik, 3. Aufl., Berlin/Göttingen/Heidelberg 1960, S. 244 ff. und S. 19 ff.
5 KOVARI, K., Räumliche Verzweigungsprobleme des dünnen elastischen Stabes mit endlichen Verformungen, Ing.-Arch. **27** (1968), S. 393–416.

Eingereicht am 8. 3. 1976

Anschrift: Priv. Doz. Dr.-Ing. JÖRG WAUER, Buchenring 27, D-7513 Stutensee, BRD

BUCHBESPRECHUNGEN

Braun, M., Differential Equations and Their Applications, Berlin-Heidelberg-New York. Springer-Verlag. 1975. XIV, 718 S. (Appl. Math. Sciences 15).

Der Charakter dieses 718 Seiten umfassenden Buches wird am besten durch seine Entstehungsgeschichte charakterisiert. Es basiert auf dem Manuskript einer „extrem populären" Vorlesung über gewöhnliche Differentialgleichungen für Studenten der angewandten Mathematik, Ingenieurwissenschaften, Biologie, Ökonomie, Physik und Geologie und erfordert nur wenige Vorkenntnisse in der Differential- und Integralrechnung. Die im Titel des Buches erwähnten „Anwendungen" stellen weder eine Umrahmung noch ein Anhängsel dar, wie es in anderen Büchern der Fall ist, sie bilden geradezu den Hauptgegenstand des Buches, an denen der Leser die Theorie gewöhnlicher Differentialgleichungen in dem Umfang lernt, wie sie nach Meinung des Autors für die Praxis notwendig ist. Die Anwendungen stammen zum großen Teil aus der Biologie, der Ökologie und der Soziologie (Modelle für die Ausbreitung von Epidemien, die Einführung technologischer Neuerungen und die Populationsdynamik einschließlich wechselwirkender Systeme, Untersuchung an modernen Kunstfälschungen), stellen also attraktive unkonventionelle Anwendungen gewöhnlicher Differentialgleichungen dar. Die zahlreichen und im allgemeinen sehr einfachen Übungen am Ende eines jeden Kapitels dienen zur Festigung und Vertiefung des Stoffes. Es ist anerkennenswert, daß das Buch trotz seiner „populären" Aufmachung mit einer gewissen mathematischen Strenge geschrieben wurde. Auf Grund des enormen Umfanges des Buches, aber auch im Hinblick auf die Anwendungen hätte man sich gewünscht, daß das mathematische Instrumentarium für die qualitative Untersuchung von Differentialgleichungen exakter definiert (z. B. der Begriff des Grenzzyklus) oder überhaupt aufgenommen wird (LJAPUNOVsche Funktionen, Bifurkationstheorie ebener dynamischer Systeme). Leider fehlt auch ein Hinweis auf Untersuchungsmethoden, die im vorliegenden Buch nicht behandelt wurden, überhaupt fehlt jeglicher Verweis auf Literatur über gewöhnliche Differentialgleichungen.

Im einzelnen enthält das Buch folgende Kapitel: Kapitel I: Differentialgleichungen erster Ordnung (Lineare Gleichungen, separable und exakte Gleichungen, numerische Methoden mit Programmen in APL und FORTRAN). Kapitel II: Lineare Differentialgleichungen zweiter Ordnung (einschließlich LAPLACE-Transformation). Kapitel III: Systeme von Gleichungen erster Ordnung (lineare Systeme mit konstanten Koeffizienten, lineare Algebra). Kapitel IV: Qualitative Theorie der Differentialgleichungen (Gleichgewichtslösungen, Stabilität linearer Systeme, Phasenporträt ebener Systeme, schwache Fassung des Satzes von POINCARÉ-BENDIXSON). Kapitel V: Lineare Eigenwertprobleme bei linearen Gleichungen zweiter Ordnung, FOURIERmethode (auch für partielle Differentialgleichungen).

Das Buch kann als Einführung in die Theorie gewöhnlicher Differentialgleichungen allen Studierenden der Naturwissenschaften empfohlen werden.

Berlin K. R. SCHNEIDER

Tondl, A., On the Interaction between Self-Excited and Forced Vibrations, Praha. SNTL — Publishers of Technical Literature in the Centre of Internal Publications. 1976. 202 S. (Monographs and Memoranda 20).

Mit der vorliegenden Monographie setzt der Prager Schwingungsforscher die Reihe seiner Monographien über nichtlineare Schwingungen fort. In ihr werden, in Weiterführung der grundlegenden Untersuchungen von CH. HAYASHI, eigene Ergebnisse analytischer Untersuchungen und paralleler Analogrechnungen von Ein- und Zweimassensystemen unter gleichzeitiger Selbst- und Zwangserregung vorgelegt. Die wesentlichsten erhaltenen Ergebnisse sind: In Ein- wie auch in Mehrmassenschwingern können die selbsterregten Schwingungen durch zusätzliche periodische Zwangserregung vollständig unterdrückt werden. Dabei werden die Amplituden der erzwungenen Schwingung wesentlich von der Selbsterregung beeinflußt. Bei Systemen mit zwei Freiheitsgraden ergaben die Analogrechnungen, daß sich selbsterregte Schwingungen mit zwei Frequenzen — entsprechend den beiden Eigenfrequenzen — auch unter verschiedenen Bedingungen nicht einstellten. Dagegen war es möglich, von den selbsterregten Schwingungen mit tieferer Frequenz zu denen mit höherer Frequenz überzugehen und umgekehrt. Dadurch ist die besondere Bedeutung der einfrequenten selbsterregten Schwingungen unterstrichen.

Die Ergebnisse werden auf Fragestellungen der Maschinendynamik angewendet. Auf Beziehungen zu elektronischen Schwingungssystemen wird hingewiesen.

Berlin G. SCHMIDT

Grenander, U., Pattern Synthesis, Lectures in Pattern Theory I, Berlin-Heidelberg-New York. Springer-Verlag. 1976. VII, 509 S., 120 Abb., DM 36,20. US $ 14.80. (Appl. Math. Sciences 18).

Das Buch ist der formalen mathematischen Repräsentation von regulären Strukturen (Mustern) gewidmet und stellt eine Weiterentwicklung von Ansätzen zu einer allgemeinen Theorie der Beschreibung von Mustern dar, die vom Autor Ende der sechziger Jahre veröffentlicht wurden. Strukturierte Muster werden mit Hilfe eines abstrakten Generierungsprozesses durch relationale Verknüpfung (Kombination) von atomaren Einheiten (Generatoren) erzeugt, dabei werden vorwiegend algebraische und graphentheoretische Mittel benutzt. Lineare und Bildgrammatiken sind Spezialfälle solcher Erzeugungsprozesse, die Theorie ist aber nicht auf diskrete Muster beschränkt, sondern erhebt vielmehr den Anspruch, Muster aller Typen (z.B. zeitliche Verläufe, stetige und diskrete physikalische Prozesse, zweidimensionale und räumliche Muster und Prozesse, Verhaltensmuster usw.) mit den angeführten Darstellungsmitteln zu beschreiben. Dementsprechend gibt es kaum allgemeine Aussagen, die über die formale Darstellung hinausgehen und z.B. für die automatische Bildverarbeitung und Zeichenerkennung nutzbar gemacht werden könnten. Das ist allerdings auch nicht Anliegen des hier vorliegenden ersten Teils der Vorlesungsserie, Analysemethoden sollen erst in einem folgenden zweiten Teil dargestellt werden.

Der Autor unterscheidet zwischen dem Muster als abstrakter Vorlage und dem mit den zur Verfügung stehenden Beobachtungsmitteln zugänglichen „Bild" des Musters. Ideale Muster können durch Deformationen (Störungen) verändert werden, im letzten Kapitel werden Deformationsprozesse z. T. an physikalischen Beispielen demonstriert und formalisiert. Hier ergibt sich möglicherweise ein neuer, bisher nicht genügend beachteter Aspekt für die automatische Mustererkennung, da apriori Kenntnisse von Deformationsgesetzen bei der Analyse und Erkennung ausgenutzt werden könnten.

Berlin F. WYSOTZKI

Olver, F. W. J., Asymptotics and Special Functions, New York-San Francisco-London. Academic Press. 1974. XVI, 572 S., $ 39.50. (Computer Science and Applied Mathematics).

Das Buch ist den asymptotischen Eigenschaften der Speziellen Funktionen (der Mathematischen Physik) gewidmet, wobei die allgemeinen Definitionen und Methoden der Asymptotik so weit entwickelt werden, wie sie für die beabsichtigten konkreten Anwendungen erforderlich sind. Im zweiten Kapitel werden die Grundlagen der gebräuchlichsten Speziellen Funktionen zusammengestellt. Da diese alle im Komplexen definiert sind, liegt auch der Schwerpunkt der asymptotischen Untersuchungen im Komplexen, doch werden als Vorübung auch ausgiebig reelle Betrachtungen vorgenommen. In drei Kapiteln werden asymptotische Approximationen für Integrale hergeleitet, Reihen werden in einem weiteren Kapitel mit Hilfe der EULERschen Summenformel, des Residuensatzes oder einer Integraldarstellung für die Koeffizienten auf den vorhergehenden Fall zurückgeführt. In sieben Kapiteln werden lineare Differentialgleichungen zweiter Ordnung behandelt, wobei das asymptotische Verhalten der Lösungen direkt aus den Gleichungen ermittelt wird und die üblichen Fallunterscheidungen hinsichtlich der verschiedenen Singularitätentypen sowie des Verhaltens in bezug auf die unabhängige Veränderliche bzw. auf einen zusätzlichen Parameter abgearbeitet werden. Dazu gehört auch die Bestimmung unterschiedlicher asymptotischer Entwicklungen, die zu derselben Lösung gehören, sowie die Bestimmung des asymptotischen Verhaltens der Nullstellen.

Neben einer gut lesbaren Darstellung des klassischen Materials liegt der Hauptwert des Buches in einer Zusammenfassung und Weiterentwicklung der eigenen Ergebnisse des bekannten Verfassers. Durch die von ihm begründete Forschungsrichtung der expliziten Restgliedabschätzung, die nicht nur im Schlußkapitel dargestellt wird, sondern das ganze Buch durchdringt, wurde die Asymptotik von einer vorwiegend qualitativen Theorie zu einem wirkungsvollen Werkzeug der Numerischen Mathematik. Das Buch kann daher den Theoretikern und Praktikern, den Fachleuten sowie den Studenten gleichermaßen empfohlen werden, letzteren vor allem auch wegen der mehr als 500 Übungsaufgaben mit Lösungen.

Trotz des großen Umfangs geht der Verfasser auf allgemeine Operatorgleichungen oder wenigstens auf andere Gleichungstypen als die erwähnten gewöhnlichen Differentialgleichungen, auf Methoden zur asymptotischen Auswertung von komplizierteren (ein- und mehrdimensionalen) Parameterintegralen und auf genauere asymptotische Eigenschaften von Integraltransformationen (Abelsche und Taubersche Sätze) nicht ein bzw. begnügt sich mit einigen Literaturhinweisen.

Rostock L. BERG

Schwill, W.-D. / Weibezahn, R., Einführung in die Programmiersprache BASIC, Skriptum für Hörer aller Fachrichtungen ab 1. Semester, Braunschweig. Vieweg & Sohn. 1976. 114 S., DM 14,80.

Ziel des Buches ist es, eine leicht verständliche Einführung in die Programmierung von Rechenanlagen zu geben, mit deren Hilfe schnell die praktische Nutzung einer solchen Anlage erlernt werden kann. Ein hierfür gut geeignetes Hilfsmittel ist die Sprache BASIC, die FORTRAN ähnelt. In BASIC stehen eine große Zahl von Standardfunktionen und Standardunterprogrammen, unter anderem auch zur Verarbeitung von Matrizen, zur Verfügung. Ein Programm ist eine Folge numerierter Anweisungen, die jeweils mit einem signifikanten Schlüsselwort beginnen. Die Sprache besitzt keine Blockstruktur. Nach Übersetzung eines Programms werden die Anweisungen in der Reihenfolge ihrer Nummern ausgeführt, wobei wie üblich eine Unterbrechung durch Sprunganweisungen möglich ist.

Die Sprache wird im Buch anhand von Beispielen erläutert. Im einzelnen werden behandelt: Wertzuweisungen (arithmetische Anweisungen), Eingabe über Tastatur, Ausgabe durch Druck, Sprünge, Schleifen, Verwendung von Vektoren und Matrizen, Verarbeitung von an das Programm angefügten Daten und Textverarbeitung. Abschließend wird die Flußdiagrammtechnik als Hilfsmittel für die Aufstellung größerer Programme kurz beschrieben. Einige Beispiele umfangreicherer Programme aus der numerischen Mathematik beschließen das Buch. Dabei wird auch auf die durch Rundungsfehler entstehenden Effekte hingewiesen. Auf das zur Steuerung des Programmablaufs erforderliche Betriebssystem wird nicht näher eingegangen, aber in einem einführenden Kapitel wird die Dialogarbeitsweise kurz beschrieben. Das Buch ist methodisch und inhaltlich gut der erwähnten Zielstellung angepaßt und kann allen, die mit einer in BASIC programmierbaren Rechenanlage arbeiten möchten, sehr empfohlen werden.

Berlin K.-H. BACHMANN

Lugner, P. / Desoyer, K. / Novak, A., Technische Mechanik, Aufgaben und Lösungen, Wien-New York. Springer-Verlag. 1976. VII, 215 S., 305 Abb., DM 36,—. $ 248,—.

Rund einhundert Aufgaben mit Lösungen aus der Mechanik des starren Körpers (Statik, Kinematik, Kinetik) und aus der Elasto-Statik von Stäben geben dem Studierenden Gelegenheit, zu überprüfen, ob er die Grundlagen der Technischen Mechanik so weit verstanden hat, daß er in der Lage ist, sie anzuwenden.

Die Aufgaben können bis auf wenige Ausnahmen als anspruchsvoll gelten. Die Schwierigkeiten liegen aber niemals in der rein formalen mathematischen Behandlung, sondern stets im mechanischen Teil des Ansatzes. Deshalb sind die angegebenen vollständigen Lösungen für den Lernenden besonders wertvoll (und wohl auch nötig). Obwohl das freilich für ungeduldige Studierende immer die Gefahr mit sich bringt, daß sie die Lösung einfach nachschlagen.

Die Aufgabenstellungen sind klar und verständlich. Ein Großteil der Beispiele besitzt unmittelbar praktischen Bezug. Dabei ist das reale Bauteil aus dem bereits vorgegebenen mechanischen Rechenmodell auch für den Anfänger überall klar zu erkennen. Den grafischen Verfahren wird großer Wert beigemessen. So werden neben Seileck, Cremonaplan usw. auch die grafische Ermittlung der Schnittgrößen und die Konstruktion der Biegelinie nach dem Mohrschen Verfahren behandelt.

Die Lösungen sind ausführlich (150 Seiten) und gut verständlich. Die einzelnen Schritte werden erläutert und der Bezug zu den Grundlagen der Technischen Mechanik hergestellt, die auf 15 Seiten am Schluß des Buches zusammengefaßt sind. (Darin ist vielleicht die Bezeichnung „Teilschwerpunktsatz" für die Formel zur Schwerpunktberechnung zusammengesetzter Körper und die Definition von zwei Widerstandsmomenten je Bezugsachse nicht ganz glücklich.) Der Lösungsweg folgt einer einheitlichen Systematik, beginnend beim Freimachen über das Aufstellen und Lösen der Gleichungen bis hin zur Diskussion der Ergebnisse. Verblüffende Kunstgriffe sind vermieden, und alle aus der konkreten Aufgabenstellung sich ergebenden Zusatzüberlegungen sind so einfach gehalten wie möglich. Alle Bilder und grafischen Darstellungen sind anschaulich und übersichtlich.

Die Aufgabensammlung kann jedem Studierenden technischer Richtungen zum Gebrauch neben der Vorlesung und zur Vorbereitung auf Prüfungen, aber auch Absolventen, die nach einer gewissen Zeit noch einmal die Grundlagen der Technischen Mechanik benötigen, sehr empfohlen werden.

Dresden W. Schöbl

Wille, F., Analysis, Eine anwendungsbezogene Einführung, Stuttgart. B. G. Teubner. 1976. 336 S., 80 Abb., DM 29,–.

Mit diesem Lehrbuch wird ein weiteres Werk aus der neuen Serie „Mathematik für das Lehramt an Gymnasien" (MLG) vorgestellt. Es ist mit sehr viel Courage und insbesondere Mut zum Neuen sowohl hinsichtlich der Stoffauswahl als auch bezüglich seiner Darstellung verfaßt worden. Schon vom Aufbau her wird dies dem Leser bereits auf den ersten Seiten deutlich, indem der Autor als ein „Schlüsselproblem" der Analysis das Lösen von Gleichungen oder Gleichungssystemen ansieht und von dieser Zweckorientierung her zunächst den R^n, den Abbildungs- und Funktionenbegriff, kontraktive Abbildungen und Lipschitz-Stetigkeit in der genannten Reihenfolge einführt. Für den damit im Zusammenhang stehenden Banachschen Fixpunktsatz wird danach die Aufbereitung des Konvergenzbegriffs von Folgen im R^n vollzogen. Die Stetigkeit wird (nach einem Vorschlag von H. Karcher, Math. Phys. Sem.-Ber. 21 (1974)) als Abschwächung der Lipschitz-Stetigkeit aus der Zielstellung heraus entwickelt, die Lösbarkeit einer Gleichung im R^1 mittels Zwischenwertsatzes zu erkennen. Die weitere Zweckorientierung geht aus den nachfolgenden Kapitelübersichten hervor: Linearisierung von Funktionen — Differentialrechnung einer reellen Veränderlichen, Flächen- und Rauminhalte — Integralrechnung, Behandlung von Gleichungssystemen — Differentialrechnung mehrerer reeler Veränderlicher. Wie in vielen anderen Lehrbüchern zur Analysis werden auch hier zunächst die Eigenschaften reeller Zahlen als gegeben und bekannt vorausgesetzt und erst im Anhang umfassend zusammengestellt. Als didaktische Besonderheit zählt die Tatsache, daß in diesem Buch viele grundlegende mathematische Begriffe nicht unmittelbar in der gewohnten Weise definiert werden, sondern erst über „anschaulichere" äquivalente Definitionen oder speziellere Aufgabenklassen eingeführt werden. So wird z. B. auf dem Begriff monoton fallender Nullfolgen aufbauend eine allgemeine Nullfolge dadurch charakterisiert, daß sie durch eine monoton fallende Nullfolge majorisiert werden kann. In ähnlicher Weise wird der Grenzwert von Funktionen über den Begriff „monotoner Nullfunktionen" eingeführt. Der Riemannsche Integralbegriff im R^1 findet zunächst nur für sog. „Regelfunktionen" seine Erklärung.

Insgesamt gesehen sind diese Entwicklungen aber alle logisch konsequent und sorgfältig wie übersichtlich dargestellt, so daß man dieses Werk dem Lernenden durchaus empfehlen kann. Er findet in diesem Buche zugleich eine ganze Reihe von neueren numerischen Verfahren vor, die im Standardangebot an Lehrbüchern zur Analysis nicht anzutreffen sind. Hervorzuheben sind auch viele interessante Beispiele sowie zahlreiche Übungsaufgaben mit Lösungen im Anhang. Eine anspruchsvolle Besonderheit, die auch dem Fachmann etwas zu bieten vermag, ist ein elementarer Beweis des Borsukschen Antipodensatzes und seiner Folgerungen in Gestalt des Brouwerwschen Fixpunktsatzes und Satzes von Borsuk-Ulam. Die Hinzunahme solcher „neuer" Stoffgebiete hat freilich auf der anderen Seite den Verzicht auf manche „althergebrachte" Substanz zur Folge. So ist z. B. die Grenzwertberechnung mittels der Regel von Bernoulli-L'Hospital nicht dargestellt, Kurven- und Flächenintegrale 2. Art fehlen gänzlich und damit auch bekannte Integralsätze; überhaupt ist die Theorie mehrfacher Integrale sehr knapp bemessen. Kritisch muß weiterhin bemerkt werden, daß die zweckorientierende Herangehensweise zu sehr den historischen Entwicklungsgang der Analysis und die Nennung hervorragender Mathematiker vernachlässigt, was gerade für die Ausbildung zukünftiger Mathematiklehrer recht bedenklich ist. Unter dem gleichen Aspekt hält der Referent auch die hier gebrauchte Integralschreibweise ohne Differential für verwerflich sowie die an mehreren Stellen sprachlich nicht konsequente Unterscheidung zwischen einer Funktion und ihrem Graphen.

Leipzig R. Klötzler

Loeckx, J., Algorithmentheorie, Berlin-Heidelberg-New York. Springer-Verlag. 1976. XV, 223 S., 12 Abb., DM 28,–. US $ 11.50.

Das Buch enthält eine ausführliche Darstellung der Grundlagen der Algorithmentheorie, die im Hinblick auf Anwendungen in der Informationsverarbeitung grundsätzlich auf Wortfunktionen aufbaut. Im einzelnen werden die klassischen Algorithmenbegriffe, d. h. Berechenbarkeit durch Turingmaschinen, rekursive Funktionen und Markowsche Algorithmen dargestellt und die damit verbundenen Äquivalenzsätze bewiesen. Den größten Umfang nimmt die Darstellung von Turingmaschinen ein, wobei auch Mehrbandmaschinen erläutert werden. Rekursive und rekursiv aufzählbare Mengen sowie einige nicht entscheidbare Probleme werden behandelt. Es folgen kürzer gehaltene Ausführungen über rekursive Funktionen und Markowsche Algorithmen. Auch die Theorie der rekursiven Funktionen wird mit Wortfunktionen dargestellt, der Aufbau mit zahlentheoretischen Funktionen wird aber ebenfalls kurz abgehandelt. Das Buch wird mit einem Kapitel über Semi-Thue-Systeme (nichtdeterministische Algorithmen und Grammatiken) beschlossen. Die Darstellung ist durchweg präzis und klar verständlich, allerdings in den späteren Kapiteln auch knapp. Daher muß der Leser in diesen Kapiteln sehr konzentriert arbeiten. Durch informale Erläuterungen und den Kapiteln vorangestellte Übersichten wird aber die Möglichkeit geboten, sich die wesentlichen Resultate schnell anzueignen, ohne alle Beweise im einzelnen zu verfolgen. Das Buch kann daher sowohl zur Erlangung eines Überblicks als auch für ein tieferes Eindringen in die Grundlagen der Algorithmentheorie sehr empfohlen werden.

Berlin K.-H. Bachmann

Ashwell, D. G. / Gallagher, R. H. (Hrsg.), Finite Elements for Thin Shells & Curved Members, London-New York-Sydney-Toronto. John Wiley & Sons. 1976. XI, 268 S., £ 11.00. $ 22.00.

Im Mai 1974 fand am University College, Cardiff eine Konferenz zur Anwendung der Theorie der finiten Elemente auf die Berechnung dünnwandiger, biegesteifer Schalen und gekrümmter Stabelemente statt. Das Buch faßt mit wenigen Ergänzungen die auf dieser Konferenz gehaltenen Vorträge zusammen.

Die Beiträge 1 bis 5 behandeln allgemeine Probleme der Anwendung finiter Elemente in der Schalentheorie. Besondere Beachtung verdient der Beitrag „Probleme und Entwicklungstendenzen bei der Anwendung der FEM in der Theorie dünner Schalen" von Gallagher. Diskutiert werden grundsätzliche Fragen der näherungsweisen Erfassung der Schale durch ebene, gekrümmte und durch isoparametrische Elemente, die Konsequenzen der Verwendung dreidimensionaler Elemente, und Probleme bei gekrümmten dünnwandigen Schalenelementen aus der Sicht der Schalentheorie, der geometrischen Darstellung und der Beschreibung des Verschiebungsfeldes. Der Beitrag von MORRIS behandelt die allgemeinen Schalendifferentialgleichungen und zugehörigen Variationsformulierungen im Zusammenhang mit der Entwicklung der verwendeten finite Element-Darstellung. Anhand numerischer Beispiele wird nachgewiesen, daß trotz der sorgfältigen Auswahl der zugrundeliegenden Schalengleichungen bei Verletzung bestimmter Bedingungen für die Elemente (z. B. nicht vollständige Erfassung der Starrkörperverschiebungen) erhebliche Fehler auftreten können. In einem Beitrag von MORLEY and MERRIFIELD werden 13 verschiedene Polynomlösungen angegeben, die alle die SANDERS-KOITER-Differentialgleichungen für Zylinderschalen exakt erfüllen. Für alle Lösungen werden die Verzerrungen, Krümmungsänderungen, Schnittgrößen und zugeordneten Oberflächenlasten, Randbedingungen und Starrkörperverschiebungen angegeben. Damit ist eine wertvolle Grundlage zur Testung neuer finiter Elemente gegeben. Von CANTIN werden Probleme der Starrkörperbewegung und des Gleichgewichts für finite Elemente untersucht. Der abschließende Beitrag der ersten Gruppe, verfaßt von SABIR, enthält generelle Ausführungen zur effektiven Programmierung der finiten Element Analysis der Schalen. Ein Programmflußbild und ein FORTRAN-Listing der Lösungsroutine sind beigefügt.

In den Beiträgen 6 bis 11 werden spezielle Elemente untersucht. ASHWELL beschreibt in seinem Beitrag zusammenfassend eine Klasse gekrümmter finiter Schalenelemente und ihre Anwendungen auf Bogen, Ringe und Zylinderschalen. Grundlage der Herleitung dieser Elementklasse sind linear unabhängige Polynomansätze für die verallgemeinerten Verzerrungen. Die Ergebnisse von Konvergenzuntersuchungen für verschiedene Elemente werden übersichtlich dargestellt.

In einem Beitrag von FONDER wird die von CANTIN in seinem Vortrag dargelegte Methode auf Rotationsschalen angewendet. Grundlage ist ein einfaches, doppeltgekrümmtes Viereckelement, das die Starrkörperbedingungen nicht voll befriedigt. Die Vorteile und die Grenzen dieser Vorgehensweise werden erläutert und durch numerische Ergebnisse belegt. DAVE untersucht Schalenelemente höherer Genauigkeit. Die ausführlichen numerischen Ergebnisse unterstreichen die Notwendigkeit und die Wirksamkeit von vollständigen Polynomansätzen 5. Grades für die Verschiebungsfelder von Bögen und Schalen (Dreieckschalenelemente).

In einem Beitrag von THOMES und GALLAGHER wird ein dreieckiges Schalenelement auf der Grundlage einer verallgemeinerten Energieformulierung entwickelt. Für alle Komponenten des Verschiebungsfeldes werden kubische Polynomansätze benutzt. Die Verallgemeinerung der Energieformulierung beruht auf der Anwendung der LAGRANGE'schen-Mulitplikatoren-Methode zur Herstellung einer Kontinuität im „Großen".

EDWARDS und WEBSTER stellen rechteckige und dreieckige hybride Schalenelemente vor. Vorausgesetzt werden ein Gleichgewichtsspannungsfeld und ein in den Elementgrenzen verträgliches Verschiebungsfeld. Die Eignung der Elemente wird an einfachen Testbeispielen überprüft, so daß ein Vergleich mit exakten Lösungen möglich ist.

Von IRONS werden die allgemeinen Grundlagen eines sogenannten „Semiloof"-Schalenelementes dargestellt und einige Erfahrungen in der Anwendung dieses Elementes diskutiert. IRONS erläutert ausführlich die besonderen Vorteile des Elementes für die Untersuchung realer technischer Schalenausführungen.

Die abschließenden Beiträge 12 und 13 schlagen die Brücke zu den praktischen Anwendungen. SABIR berichtet über Erfahrungen bei der Anwendung der Finite Element Analysis auf Bogenbrücken und gibt allgemeine Hinweise zur Substrukturtechnik. Der Beitrag von KNOWLES, RAZZAQUE und SPOONER, „Erfahrungen bei der Anwendung der Finite Element Analysis auf Schalentragwerke", unterstreicht sehr deutlich, welche Probleme bei der Modellierung realer Schalentragwerke auftreten. Dies ist bei der Auswahl von Elementen für anwendungsfreundliche Programme zu beachten. Es wird über spezielle Erfahrungen mit dem System ASAS berichtet.

Die Zusammenfassung der Vorträge von Spezialisten des betrachteten Gegenstandes vermittelt in komprimierter Form theoretische und praktische Erfahrungen über die lineare Finite Elemente Analysis der Schalen. Der Vergleich der Finite Element Lösungen wird bei allen Grundsatzuntersuchungen mit analytischer Lösung durchgeführt. Das Buch enthält bis auf wenige Ausnahmen keine Rechenprogramme. Die Herausgeber haben sich der Mühe unterzogen, die Beiträge aufeinander abzustimmen und eine weitgehend einheitliche Terminologie zu verwenden. Die Literaturhinweise wurden z. T. bis zum Zeitpunkt der Herausgabe ergänzt. Das Buch kann allen auf dem Fachgebiet Tätigen zur Benutzung empfohlen werden.

Magdeburg J. ALTENBACH

EINGEGANGENE BÜCHER

Bei der Schriftleitung sind folgende Bücher eingegangen (ausführliche Besprechung bleibt vorbehalten).

Mitchell, A. R. / Wait, R., The Finite Element Method in Partial Differential Equations. London-New York-Sydney-Toronto. John Wiley & Sons. 1977. X, 198 S., £ 6.95. $ 13.50.

Rosemeier, G., Winddruckprobleme bei Bauwerken, Berlin-Heidelberg-New York. Springer-Verlag. 1976. VII, 288 S., 171 Abb., DM 64,–. US $ 26.30.

Jennings, A., Matrix Computation for Engineers and Scientists, London-New York-Sydney-Toronto. John Wiley & Sons. 1977. 330 S., £ 10.50. $ 22.00.

Parkus, H., Thermoelasticity. 2. revised and enlarged edition, Wien-New York. Springer-Verlag. 1976. VIII, 119 S., DM 42,–. $ 29.–.

Glowinski, R. / Lions, J. L. / Trémolières, R., Analyse Numerique des Inéquations Variationnelles, Bd. 1: Théorie générale – Premiéres applications, 268 S., 180 FF Bd. 2: Applications aux phénoménes stationnaires et d'évolution, 290 S., 210 FF. Paris. Bordas, Dunod. 1976 (Reihe: Méthodes Mathématiques de l'Informatique 5).

Marsden, J. E. / McCracken, M., The Hopf Bifurcation and Its Applications. New York-Heidelberg-Berlin. Springer-Verlag. 1976. XIII, 408 S., 56 Abb., DM 36,20. US $ 14.80 (Applied Mathematical Sciences 19).

Szabó, I., Geschichte der mechanischen Prinzipien und ihrer wichtigsten Anwendungen. Basel-Stuttgart. Birkhäuser-Verlag. 1977. XV, 491 S., Fr. 48,–.

Schaal, H. / Glässner, E., Lineare Algebra und Analytische Geometrie. Bd. III: Aufgaben mit Lösungen, Braunschweig. Vieweg. 1977. 306 S., DM 26,80.

Lindner, R. / Staiger, L., Algebraische Codierungstheorie, Theorie der sequentiellen Codierungen, Berlin. Akademie-Verlag. 1977. 268 S., M 48,–.

Bosch, K., Angewandte mathematische Statistik. Braunschweig. Vieweg & Sohn. 1976. 210 S., 41 Abb.

Lugner, P. / Desoyer, K. / Novak, A., Technische Mechanik, Aufgaben und Lösungen. Wien-New York. Springer-Verlag. 1976. VII, 215 S., 305 Abb., DM 36,–. $ 24.80.

Aumann, G., Eine Einführung in die Gedankenwelt der Mathematik. München-Wien. R. Oldenbourg Verlag. 1974. 144 S., 39 Abb., DM 26,–.

Schaal, H., Lineare Algebra und Analytische Geometric, Band II. Braunschweig. Vieweg & Sohn. 1976. 320 S., DM 27,80.

FSC
www.fsc.org
MIX
Papier | Fördert gute Waldnutzung
FSC® C083411

Zeitfracht Medien GmbH
Ferdinand-Jühlke-Straße 7
99095 Erfurt, Deutschland
produktsicherheit@kolibri360.de